雪かきで地域が育つ

防災からまちづくりへ

上村靖司
筒井一伸
沼野夏生
小西信義
編著

JN191679

コモンズ

雪かきで地域が育つ◆目次

はじめに

上村　靖司

小学生のころ、生まれ育った新潟県川口町（現長岡市）で新聞配達をしていました。たかだか十数軒ですが、冬の配達は一苦労。まだ道路除雪などなく、住民がかんじきで隣の家まで雪踏みをして道をつくるのが朝の仕事でした。向こう側から人が来ると、すれ違うにはどちらかが脇によけなくてはならない狭い道です。それでも踏み固めてさえあれば、子どもでも楽に歩くことができます。

ところが、朝寝坊をして雪踏みをしていない家があると、そこから隣の家までは歩くのが大変です。たくさんの雪が降った朝だと、子どもの腰ぐらいまで雪に埋まってしまいます。ふと思い立ち、仰向けに寝転んで背中をソリ代わりにして、足で漕いで進んだこともありました。

中学生になると、一人前に扱われます。雪下ろしの戦力として、屋根に上がりました。１９７０年代後半は雪が多く、大みそかに屋根に上がり、一日休んで正月の二日にまた上がった年もあったほどです。父親は、大型の鉄製の重いスノーダンプを使いこなして、掘り進めていました。一方、私はと言えば、小型のスノーダンプすら使いこなせず、足手まといになっていたことを思い出します。それでも、屋根から雪を下ろして、屋根がきれいになっていくのは気持ちの良いものです。爽快感すらあります。屋根がすっかりきれいになると、下ろした雪が庭にうず高く積み上がり、スノーダンプでソリ遊びしたりかまくらを作ったりと、子どもなりに楽しかった思い出でもあります。

　高校生になって56豪雪（１９８１年）、大学生になって59豪雪（１９８４年）を体験。おとなになるにつれ、楽しさよりも雪国の辛さが身に染みるようになりました。父親から「雪国に未来はない、農業に未来はない」と聞かされた時期でもあります。雪深い日本海側は冬には産業がなく、太平洋側が牽引した日本の高度経済成長から取り残されていました。農産物の輸入自由化が進み、米の生産調整のための減反政策も進められていましたから、農業立県であった新潟県ですら「農業に未来がない」というのは真っ当な未来予測だったわけです。

「しっかり勉強して、良い大学に入り、良い会社に勤める」が人生の成功モデルとして、どの家でも普通に信じられていた時代でした。かくして、豪雪地帯の集落からは次の時代を担うべき若い世代が次々と流出し、過疎化・高齢化という深刻な社会問題となっていきます。

　２００５年12月初旬、例年より早く降り始めた雪は、小休止すらないまま降り続き、12月下旬には各地で著しい災害を引き起こしました。平成18年豪雪です。大学院で雪害というテーマを恩師からいただき、研究を始めてから20余年。暖冬と少雪傾向が続き、もはや雪害研究は不要となるのではと、地球温暖化にともなって仕事を失う「絶滅危惧学者」などと自虐的に語っていた時期でもありました。

　このとき、新潟県と長野県の県境にある山間部の秋山郷（新潟県津南町《つなん》）が孤立したとのニュースを受け、現地調査に出かけました。でも、雪崩《なだれ》の危険性が高く、道は途中で通行止めです。そこで、手前の集落で除雪作業中の男性に話しかけ、雪害調査に来たことを告げると、「まあ、上がってけ」とのこと。お茶でも出してくれるのかと思いきや、上がったのは屋根の上です。

　この冬どれだけたくさんの雪が降ったのか、そして自分がどれだけきれいに屋根の雪を除雪したか。そんな話をたっぷりと聞かせられました。どうやら、自分の除雪の技を自慢したかったようです。高齢男性の一人暮らし。本音は心細い気持ちもあったでしょうが、雪と付き合い、折り合いをつけながら、暮らし続けてきた自負に満ちていました。

しかし、この冬に全国で152名もの方が除雪作業中の事故で命を落としました。その4分の3が高齢者です。一人暮らしの高齢男性が雪下ろし中に屋根から転落し、誰にも見つけてもらえないまま冷たくなって発見されたという痛ましいニュースも、たびたび流れていました。

もっとも、こうした事故はこの冬に限ったことではありません。毎冬どこかで起きていました。にもかかわらず大きな話題にならないのは、事故が散発的に起きていて、地方紙や地方版の社会面の下のほうに小さな記事が載るだけだからです。

でも、平成18年豪雪は違いました。1月初めの『朝日新聞』の記事を皮切りに、在京のメディアがこぞって津南町に押しかけてきました。どう考えても騒ぎすぎでしたが、おかげで豪雪災害への社会の関心は確実に高まりました。

正月が過ぎ、雪の降り方が一段落したころ、ある国会議員から電話が入ります。

「死者数が100名を超えた。先生、どうしたらいいんだ」

そう言われても、即効性のある処方箋があるはずもなく、こう申し上げることしかできませんでした。

「とにかくこれは雪の問題ではなく、過疎化とか高齢化とか雪国の社会の本質的な課題なんです」

急遽招集された国土交通省の豪雪地帯対策の懇談会で「雪処理の担い手不足」が共通認識となり、翌年には本格的な調査事業が進められます。全国4カ所のモデル事業のうち、私は新潟県の事業を任されました。そこから生まれたのが「越後雪かき道場」です（第Ⅱ部第5章1で詳しく紹介）。手探りで始め、12年間続けてきたこの取り組みのなかで、いくつもの大切な気づきがありました。

雪かき道場からの帰り道、たまたま遭遇したある光景が忘れられません。高齢の男性が、屋根の雪下ろしをしていました。スコップ一本で、雪樋《とよ》(重力を利用して雪を運ぶ滑り台)を使いこなし、手際よく効率よく作業しています。「上手だなぁ」と思いつつ、ふと子どものころの雪国の風景との違いに気づきました。たった一人で作業しているのです。昔なら、いざ雪下ろしとなれば家族総出。二世代や三世代で協力してやっていました。ところが、今は、世代交代できないまま高齢になった家主が、一人で作業することが当たり前になっている。ワイワイやっていた共同作業が、孤独な単独作業になっているのです。

その後、長岡市川口木沢《きざわ》で雪かき道場を開催したとき、東京から芸術家の卵たちが参加しました。若い女性たちが習ったばかりのスコップを振り回し、慣れないながらも実に楽しそうに雪かきしているのです。笑顔があふれていました。普通雪かきというと、しかめっ面で黙々と作業するものです。笑顔で雪かきをするなんて、想像もつきませんでした。みんなでやったら楽しい。当たり前のようで、大きな発見です。

富山県黒部市で開催した雪かき道場でも、地元の男性が「先生、生まれて初めて笑顔で雪かきやったよ」と、終了後の感想で話してくれました。新潟県十日町市枯木又《かれきまた》では、「何よりも若い人たちから元気をもらった」という声を聴きました。みんなでやれば楽しい。とてもシンプルなことなのだと、どこの開催地でも教えられてきました。

「雪処理の担い手確保」という堅苦しい課題設定で始めた雪かき道場でしたが、いざ始めてみれば、ボランティアが地域に入ると地域がまとまり、受け入れ態勢が整っていきます。そして、雪の問題に限らず、地域がまとまって悩み楽しみ(悩み苦しみではなく)ながら、課題に向き合っていくようになる。そんな事例をいくつも目の当たりにしてきました。雪の問題に向き合う過程をとおして地域が着実に育ったのです。

本書は4部構成になっています。第Ⅰ部では、雪国の共助が弱体化していった歴史、国の豪雪地帯対策の変遷、雪の問題を雪国の地域づくりとして捉える見方、そして最近頻発している雪国でない地域で起こる雪害について概観しました。第Ⅱ部は、「雪問題をとおして地域が育った」15の事例です。共助、共働、共感、共生、共創の5つのキーワードに分け、それぞれ3編のストーリーを紹介しました。第Ⅲ部では、第Ⅱ部のストーリーの意味を読み解き、理解を深めるために、24のキーワードを解説していきます。最後に第Ⅳ部で、雪国に現れつつある地域イノベーションの萌芽、さらに将来の雪国に向けての課題の整理など、本書を総括しました。

本書は、これから地域で共助による除雪に取り組もうと考えている方々にとってのガイドブックを意図しています。また、当事者ではなく、支援する立場の人にとっての指南書としても活用いただけるはずです。冒頭から通して読んでいただいてもよいし、第Ⅱ部の興味ある事例から読み始め、第Ⅲ部で意味づけを理解していってもよいでしょう。

雪国に限らず、地域づくりに関心のある方にも共感いただけるようなエッセンスが凝縮されていると思います。手に取っていただき、地域イノベーションの萌芽を感じていただければと、著者・編者一同、心から願っております。

第Ｉ部　雪対策の進展と地域の弱体化

1945 年冬の新潟県小千谷市本町。当時、家屋が連坦する市街地では、屋根の雪を掘って道路に積み上げていた（提供：坂東和郎氏）

第1章　共助による地域除雪の歴史

共同作業で道路確保

写真Ⅰ―1（左）を見てください。男性が早朝に、懐中電灯を持って雪道を歩いています。足元には藁沓《わらぐつ》とかんじきが見えます。これは昭和中ごろの「道踏み」で、冬期集落保安要員と呼ばれる市町村の嘱託職員の早朝の「業務」の様子です。一方で当時、地域の習わしとして、雪が積もった朝に自宅から隣の家まで道踏みをするという暗黙の決まりごとがありました。自助や共助という言葉がなかった時代、地域内の道路ネットワークは、ある家から隣の家へ、隣の家からさらに隣の家へという共同作業によって維持されていたのです。

写真Ⅰ―1（右）では、男たちが列になり、「すかり」という大型のかんじきを履いて道を踏んでいます。集落と集落を結ぶ基幹道路の確保をしているのです。雪踏みは重労働。集落間となると距離が長いので、先頭は交替しながらでなければ務まりません。昭和30年代までは、民家を孤立させない、集落を孤立させないための道路確保は、人手（足）で行われていました。

除雪が共同作業から公共サービスに

1956年の「積雪寒冷地域における道路確保に関する特別措置法」（以下「雪寒法」）の成立を受け、道路除雪が本格的に始まりました。60年余前のことです。それから30年弱を経て1984～86年に3年続き

（出典）角屋久次・新宮璋一「豪雪譜――雪と人間との闘いの記録」日本積雪連合、1978年。

写真Ⅰ―１　昭和30年代まで行われていた道踏み

の豪雪を経験したころには、道路除雪延長は全国で実に7万キロ（地球を1周と4分の3）にも達し、冬季の雪による孤立はほぼ解消されました。気象庁が「38豪雪」と命名した昭和38（１９６３）年は、このころに公による除雪が本格化したことから、後に「除雪元年」と名づけられます。そこから30年あまりで、揮発油税に代表される道路特定財源の裏付けによって、地球２周に近い距離の道路除雪が実現しました。当然、その背景にあったのは日本の高度経済成長です。

日本全体が高度経済成長に湧くなかで、豪雪地帯の人びとは国の発展に取り残されることを恐れました。近代化の波に乗り遅れまいと、一家の働き手は現金収入確保のため晩秋から早春に出稼ぎに行きます。残された爺《じい》ちゃん、婆《ばあ》ちゃん、母ちゃんの「三ちゃん」が、屋根に積もった雪と格闘しました（佐藤、２００１）。

それでも、積もった雪で学校に通えなくなるため、山間部の子どもたちは冬季分校へ通います。事実、昭和30年代に全国で最も分校が多かったのは新潟県です（佐藤、２００１）。除雪元年以降は、進展する道路除雪によって冬でも本校に通学できるようになりました。また、雪国にも産業がそれなりに進出したおかげで、父ちゃんたちの働き場所も確保できるようになっていきます。雪寒法の成立は、30年余をかけて文字どおり雪国の暮らしを一変させたのです。

共助の縮減と個人主義の台頭

１９６０年代後半から70年代にかけて、公共機関による道路除雪は急速に普及し、豪雪地帯に暮らす人びとは雪踏みという重労働から解放されました。もちろん、個人の所有物である家の屋根の上や敷地内の除雪作業は負担しなければなりません。とはいえ、屋根の雪については技術が進歩し、「克雪住宅」と呼ばれる雪下ろしを必要としない住宅様式が着実に広がっていきます。補助金制度の創設や建築規制の緩和なども、追い風となりました。

克雪住宅には、屋根の勾配を急にして積もった雪が自動的に滑り落ちる「落雪式」、落ちて積もった雪で1階部分が埋まることを前提に基礎を高くした「高床式」、建物の構造を強固にして雪を載せたままにできる「耐雪式」、屋根の中にヒーターを入れて積雪を融かす「融雪式」などがあります。とくに、燃料を要さず車庫スペースも確保できる「高床落雪式」は、特別豪雪地帯（18ページ参照）の気候風土に適した標準的な建築様式として新潟県や山形県などで定着していきます。

道路除雪の一般化と克雪住宅の普及は、雪国の生活を一変させると同時に、「地域の共通の困りごと」であった雪の問題に対して、「共同して対応する」という作業を不要にしました。筆者は、住まいが近いだけで地縁コミュニティが成立するとは考えていません。コミュニティとは、共同作業の量によって育っていくものです。その重要な機会が、雪対策の進展によって奪われたのではないでしょうか。

昭和の高度経済成長期、農家の次男・三男が仕事を求めて都会に出る流れが定着しました。さらに、跡取りであるはずの長男も豊かな暮らしを求めて流出するのが当たり前になっていきます。共同での除雪作業は公共サービスの充実によって不要となり、家族で協力して行ってきた屋根の雪下ろしすら、克雪住宅の普及と家族の縮小で成り立たなくなりました。

「金もない、学もない、腕もない。そんな奴しかここには残ってない」。新潟県山間部のどん詰まりの集落で、そんな諦めにも似た言葉を２００４年に起きた新潟県中越地震（以下「中越地震」）の直後に聞きました。克雪住宅への建て替えの財力もなく、子どもや孫たちは出ていったきり帰って来ない。人口流出と少子化・高齢化という時代の趨勢《すうせい》には抗えません。

もはや自力ではどうにもならないと、屋根や玄関先の除雪すら行政にお願いするようになります。行政は、高齢や障がいなどのために支援を要する世帯を放置するわけにはいきません。予算を組んで、業者に雪下ろしを依頼するための経費を補助します。ところが、要支援者は増える一方、除雪を請け負う業者は作業員の高齢化や土木仕事の減少で疲弊する一方、さらに行政の財政状況も悪化する一方です。このままでは立ち行かないという現実が顕在化してきました。

感謝から苦情へ

「道路除雪が始まった当時、早朝の除雪に行くと、お婆ちゃんが家から出てきて拝んでくれたんだ」という話を聞いたことがあります。でも最近は、「早朝からうるさい！」と石を投げつけられる場合さえあるそうです。温暖化の影響かどうかはさておき、昔よりは明らかに雪の量は減っています。ところが、除雪に関わる苦情電話の件数は年々増えているそうです。公共サービスとしての道路除雪が全国に広がり、住民にとっては当然のサービスとなりました。その結果、冬でも当たり前に通れることに対する感謝よりも、雪がある不便さに対する不満が噴出するようになったわけです。

雪に限らず、防災全般でこのような社会意識の変化は起こっています。1959年の伊勢湾台風の被害を契機に沸き上がった世論に突き動かされ、災害対策基本法が成立し、災害対策における公の責務が明記されたのは1961年です。災害対策基本法の成立以前、災害犠牲者が1000名を下回る年は稀でしたが、成立以降24年間は1000名を超えず、災害対策基本法を根拠とする公助は功を奏しました。

しかし、1995年の阪神・淡路大震災がそれを根底から覆します。功を奏したはずの「公助」に依存しきっていた社会を咎《とが》めるかのように、公助の限界が露呈したのです。その反省から、「自助・共助・公助のバランスが大切」という教訓が世に広まっていきます。

「間違いなく住民サービスは良くなっているのですが、苦情はどんどん増えます。住民の満足度を高めるにはどうしたらよいのでしょう?」

多くの行政職員から問われる質問のひとつです。

筆者はそのとき、こう答えるようにしています。「満足度の式を知っていますか?」と。

満足度＝結果／期待

満足度は、結果を期待で割った数値で表すことができます。行政は、職務に忠実に住民の要望に応えようと「結果」を追求してきました。でも、結果を出せば出すほど、住民にとってはそれが「当たり前」になり、さらに高い水準を「期待」する。その結果が、苦情の激増です。行政が良いサービスを提供しようと頑張れば頑張るほど、満足度は下がります。では、どうしたらよいでしょうか。

答えは簡単。分母、つまり「期待」を下げればよいのです。では、信頼される存在であるべき行政は、どのように期待を下げたらよいのでしょう。

公助の限界、共助の復活

２００４年10月23日、新潟県中越地方を震源とする直下型の地震が起き、61集落が孤立しました。そのひとつが震源に近い川口町木沢集落（現長岡市）。外につながる全道路が崩落しました。毎年２メートル以上の雪が積もる山間部の豪雪地で、小学校は震災前に廃校した過疎化・高齢化の「先進地」でもあります。住民が協力して炊き出しをして一昼夜を過ごしますが、いっこうに救助は来ません。業を煮やした住民有志が自ら重機を持ち出し、崩落した道路脇を削って仮復旧道路を造りました。

山を下りてみると、町役場は立ち入り禁止で機能していません。当時を振り返って地域のリーダーは「肝心なときに役所はあてにならない」と言い切ります。木沢には除雪のための重機があり、オペレーターもいたので、速やかに自力復旧できました。豪雪地ゆえ冬の孤立は織り込み済み。食料・燃料の備蓄、助け合いの文化が根付いています。震災が改めて公助の限界と共助の大切さを住民に知らしめたのです。

公助の限界に気づき、共助の復権を目指す流れが、この四半世紀ほどの間に各地で芽生え、育ち始めています。高度経済成長期に定着した個人主義と行政への依存体質という「慢性病」に向き合い、雪の問題を地域の自分事として捉え直し、地域内外の人たちと力を合わせる。それは決して簡単ではありません。昔の地域の良さを復活しようにも、当時とは比較にならないほど人的資源が減っているからです。では、どうやって「新しい共助」の仕組みを構築していけばよいか、各地の事例を紹介していきましょう。

〈上村靖司〉

第２章　豪雪地帯の地域振興策

国による法整備の経過

戦後日本の雪対策は、寒冷地手当の制度化（1949年）や積雪寒冷単作地帯への補助（1951年）など、生活・産業面での雪国のハンディキャップの是正から始まりました。その後、経済成長とともに道路除雪のニーズが高まり、1956年成立の雪寒法によって、除雪される道路は年々増えていきます。また、1961年成立の災害対策基本法で、雪害は異常な気象現象による災害と認定されました。豪雪時の自衛隊の災害出動には災害救助法が適用され、災害対策基本法がその根拠となっています。

一方で、突発的な豪雪対策だけでなく、地域格差是正の視点に立つ恒久的・総合的な雪害対策が必要という声が新潟県などの豪雪地域から広がり、議員立法によって1962年に「豪雪地帯対策特別措置法」（以下「豪雪法」）が成立しました。豪雪法は地域振興から災害対策までをカバーする独特の地域政策です。

豪雪法の対象地域として、1963年に「豪雪地帯」が指定されます。1971年には、さらに手厚い対策の対象となる「特別豪雪地帯」が誕生。2017年4月現在、豪雪地帯は24道府県の532市町村（うち特別豪雪地帯は201市町村）に及び、その面積は国土の半分に及びます（国土交通省、2018）。

豪雪地帯・特別豪雪地帯に対しては、豪雪法によって「豪雪地帯対策基本計画」の策定が義務づけられました。そして、交通通信の確保、農林業の振興、教育や医療・福祉などの施設整備、国土保全・防災施設の整備といった広範な対策事業が、国庫補助率の引き上げや地方交付税の寒冷補正などの行財政措置とともに推進されました。1980年代には、冬期孤立集落対策、克雪地域づくり、雪に強い街区整備など、都市や地域の面的な整備に関わる事業も進められていきました。

雪国社会の変化と雪問題の深まり

豪雪法による地域振興施策は豪雪地帯への手厚い支援でしたが、社会の変化につれて深まる雪問題の根本的な解決にはなりませんでした。一方で、以前は自助・共助によって担われてきた社会機能維持のための除排雪作業は主に公共機関の仕事とされ、サービスを受ける側になった住民には依存心や受け身の姿勢が芽生えがちになりました。

雪問題の深刻化に著しい影響を与えた社会変化は、都市化の進展と地域交通における自動車依存の高まりです。戦後最大の豪雪災害をもたらした38豪雪（1963年）では、都市機能のマヒによる生産・流通の阻害や住民生活への影響が「都市雪害」として大きな問題になりました。56豪雪（1981年）では、一般家庭への自動車の急速な普及や自家用車通勤を前提とした郊外団地の増加などを背景に、除雪体制が飛躍的に進歩したにもかかわらず問題はさらに深まったのです。

その後も市街地の空洞化と郊外型ショッピングモールの形成など、車社会を前提とした都市域の拡散はさらに進行します。その結果、人口の増加を除雪道路延長の増加が上回り、さらにそれを除雪費の伸びが上回る状況が起きました。札幌市では、1960年から2010年までの50年間で除雪費の伸びが実に464倍に達し、その後も増えています（図Ⅰ—1）。ここには、公共機関による対症療法的な除排雪の限界が示されているといえます。

もうひとつの大きな問題は、過疎化・高齢化の進行です。1975年から95年までの高齢者世帯率の推

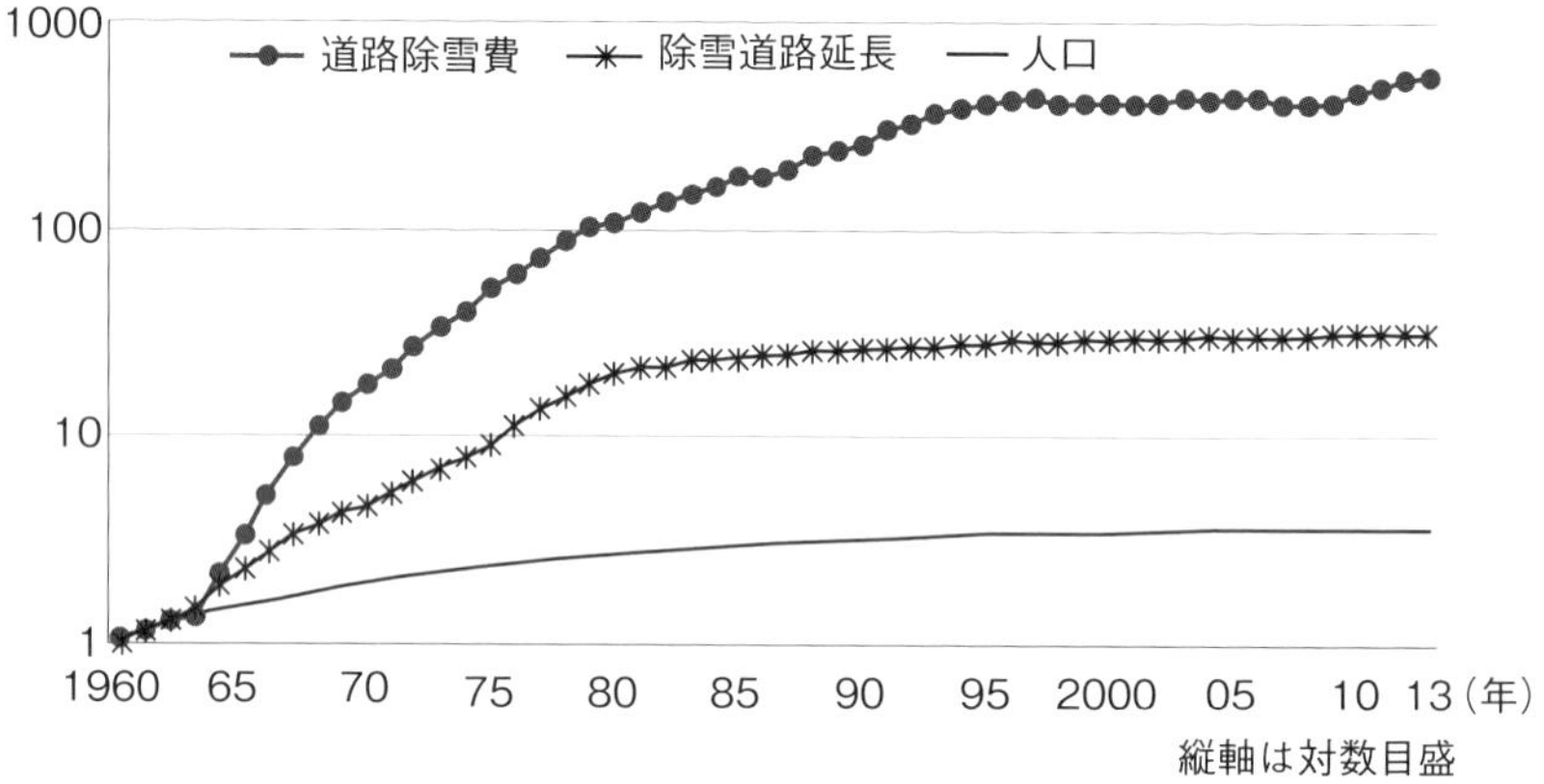

（注）1960年を１とした指数で表す。除雪道路延長と道路除雪費は前後５年間の平均値を用いた。
（出典）札幌市「雪対策費実績」（2018年）をもとに筆者作成。

図Ⅰ—１　札幌市の人口・除雪道路延長・道路除雪費の年次推移

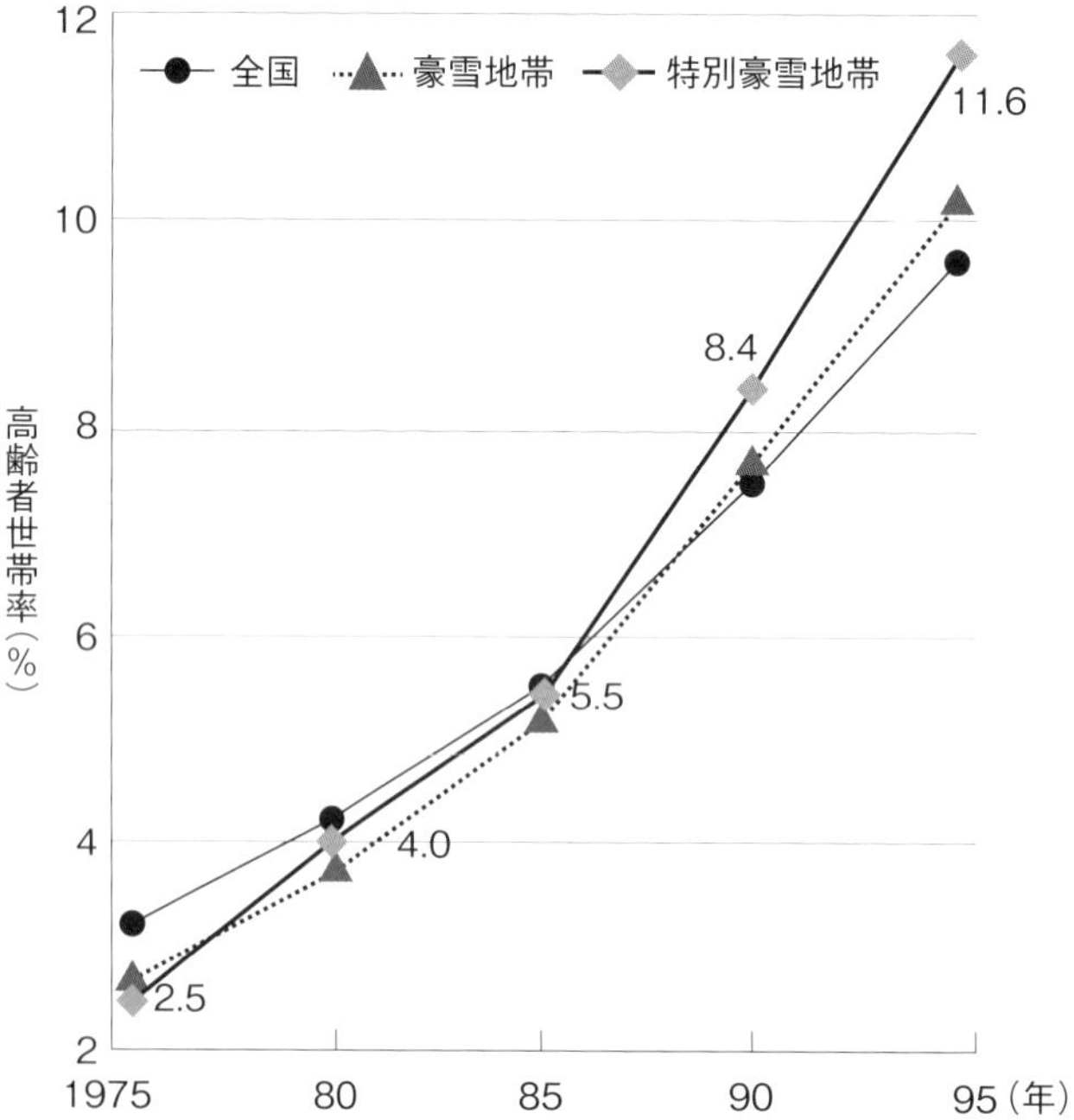

（出典）国勢調査をもとに筆者作成。

図Ⅰ—２　高齢者世帯率の推移（1975～1995年）

移を見ると（図Ⅰ—２）、雪の多い地域のほうが低かった高齢者世帯率が、１９８０年代を境に逆転したことが分かります。そこから見えるのは、家族や地域に守られる存在であった豪雪地帯の高齢者が過酷な雪処理を担わざるを得なくなった状況です。

こうした現実を目の当たりにした地域住民の間から、自発的な取り組みが生まれてきたのは当然かもしれません。筆者が１９７９年に行った全国の豪雪地帯市町村の調査では、自発的に雪に取り組む住民組織がすでに28ありました（沼野、１９８７）。１９９３年には岩手県沢内村（現西和賀町）で「スノーバスターズ」が誕生し、高齢者世帯の除雪を担うボランティア組織の象徴的存在になります。マスコミも徐々に雪処理ボランティアの活動に注目するようになりました。

１９９９年に行われた旧国土庁の調査では、回答のあった豪雪地帯市町村の約３割にあたる２３４の自治体に、高齢者世帯の除雪を行う住民組織がありました（国土庁地方振興局、２０００）。少雪傾向が続いていた時期にもかかわらず、雪処理ボランティア組織が地域除雪の新たな担い手として大きく成長してきたといえるでしょう。

新たな施策展開への模索

平成18年豪雪（２００６年）は死者１５２名と、56豪雪に匹敵する大規模な災害をもたらしました。死者のうち65歳以上が65％、除雪作業中が74％、中山間地域が約３分の２です。より厳しい積雪環境と社会環境に晒される中山間地域の高齢者が除雪中に事故に遭うという構図が鮮明になりました。こうした事態は、豪雪地帯対策のあり方に強く再考を迫ったのです。

平成18年豪雪を受けた政府の対応は、これまでになく速やかでした（表Ⅰ―１）。豪雪の進行中に国土交通省による懇談会が立ち上げられ、５月までに5回の会合を重ね、提言をまとめて公表。この提言をたたき台にして、年内に豪雪地帯対策基本計画が改定されました。

表Ⅰ—1　平成18年豪雪後の国による取り組みの主な経過

時　期	名　　称	概　　要
2006年 1〜5月	豪雪地帯における安全安心な地域づくりに関する懇談会	提言「豪雪地帯における安全安心な地域づくりについて」を公表
2006年9月	国土審議会第2回豪雪地帯対策分科会	豪雪地帯対策基本計画の改定を審議
2006年11月	豪雪地帯対策基本計画	分科会審議を受け、担い手確保の具体策等導入
2008年9月 〜09年3月	雪害による犠牲者ゼロのための地域の防災力向上を目指す検討会	多発する雪事故の発生メカニズムを踏まえた対策の検討。提言と啓発パンフレットを公表
2008年11月	豪雪地帯市町村における総合的な雪計画の手引き(市町村雪対策計画策定マニュアル)	市町村による雪対策の総合計画づくりの指針。高齢者が無理せず除雪できる体制を目指す
2009年3月	共助による地域除雪の手引き	行政担当者や地域リーダーなどに地域除雪のノウハウ提示
2011年7月 〜13年3月	雪国の安全安心な暮らし確保のための克雪体制推進調査	地域の実情に即した克雪体制整備を図るため地域の団体や住民組織の企画を募集し支援
2012年1月	国土審議会第3回豪雪地帯対策分科会	豪雪地帯対策の現状と今後の課題について総合的に議論
2012年3月	豪雪地帯対策特別措置法改正	多様な主体による担い手確保、空家対策などを新たに盛り込む
2012年 6、10月	国土審議会第4、5回豪雪地帯対策分科会	豪雪地帯対策基本計画の見直しと変更案
2012年12月	豪雪地帯対策基本計画	上記変更案を受け改定
2013年7月 〜	雪処理の担い手の確保・育成のための克雪体制支援調査	2011年からの克雪体制推進調査を継承

(出典) 沼野夏生「国の豪雪地帯対策の動向」(『日本雪工学会誌』28巻2号、2012年)を簡略化。

この提言は過疎化・高齢化による地域の雪処理能力の低下と高齢者の除雪事故の多発という現実を直視し、緊急の課題として共助やボランティアを核とする雪処理の担い手確保の必要性を強調しています。これを受け、豪雪地帯対策基本計画では、高齢者宅の雪処理などに対するコミュニティの機能強化や、広域ボランティアの受け皿機能を果たす組織・コーディネーターの養成など、従来の表現からさらに踏み込んだ担い手確保の方策が盛り込まれました。

表Ⅰ―1に示すように、その後も豪雪地帯対策見直しの動きが続きます。内閣府主導の有識者検討会が2009年に発表した提言は、平成18年豪雪を特別視していた段階から「普通の冬」にも多くの犠牲者を出している雪害の日常性に目が向いた点で、一歩踏み出したと評価できます。同じころに国土交通省がまとめた市町村向けの雪対策計画策定の手引きと地域住民向けの共助除雪の手引きは、「高齢者が無理することなく除雪できる体制の整備」の促進を謳った、ある意味で野心的な試みでした。しかし、住民はおろか市町村にさえあまり浸透せず、思うような効果は上がっていません。

平成18年豪雪以後の豪雪地帯対策の主なキーワードは、「過疎化・高齢化のもとでの人身雪害への注目」「担い手問題と共助による地域除雪への注目」「基礎自治体の役割の重視」といえるでしょう。これらは決して的はずれではないのですが、意図した効果を発揮できませんでした。こうしたなかで注目されるのが、2011年から始まり、13年に現在の名称になった「雪処理の担い手の確保・育成のための克雪体制支援調査」(以下、本書では「克雪事業」もしくは「克雪体制支援調査」と記す)です。この事業では、地域団体や住民組織から募集した地域除雪への取り組みの企画を支援し、その成果の検証をとおして、地域の実情に即した克雪体制づくりの普及を図ろうとしています。

計画書やマニュアルに頼った行政主導の担い手づくりが決め手を欠くなか、地域の自発的な動きを発掘し、育て、自治体との協働や他地域の取り組みとの交流を支援しながら、そこから生まれる知恵や手法を蓄積・共有し広めていくボトムアップ型の施策が求められます。克雪体制支援調査は、その意味で注目すべき試みです。それは、「モノ」から「ヒト」「コト」を重視する姿勢への変化をとおして、これからの豪雪地帯対策に新しい可能性を与えるものといえるでしょう。

〈沼野夏生〉

第3章　〝雪かき〟から始まる地域づくり

〝対象〟としての雪から地域づくりの〝手段〟としての雪へ

最初に3枚の写真から見てみましょう(写真Ⅰ―2)。Aは絵葉書にもなりそうな素敵な雪の景色です。Bはどうでしょうか。家の周りに積もった雪を取り除く、ちょっと大変そうな作業をしています。Cは雪

(出典) 岩手県西和賀町『雪国の暮らしガイドブック』2014年。

写真Ⅰ―2　雪にまつわる3枚の写真

合戦のイベントです。おとなも本気で楽しんでいるようですね。実は、3枚は同じ地域で撮られました。

私たちは、これらの写真の中の雪だけを見ているのではなく、周りにある事物も併せて認識していま す。だから、雪の意味づけも異なってくるのです。つまり、「雪」とは非常に多義的で多目的な言葉であり、「害（面倒なもの）」にも「資源」にもなるのです。

ところで「◆雪」という造語は昔から多くあり、インターネット上の国語辞典では「雪」を見出しに含む言葉は464語もヒットします。(1) このうち、消雪や除雪、克雪、親雪、楽雪、利雪などは、雪をどのような対象として扱うのかという表現です。たとえば、除雪は積雪地域で冬期の日常生活の維持を目的に取り除く対象として、消雪は部分または全体的に人工的に溶かして存在をなくす対象として、雪を見ています。克雪は雪の存在を前提に、降雪や積雪による被害や問題を克服する対象です。親雪や楽雪は、より積極的に親しみ楽しむ対象として見ています。さらに、利雪は資源として有効に利活用する対象であり、そこには経済的・産業的な視点も含みます。これらは、目的に応じて雪がどのような結果につながる対象と見るかを区分する言葉ともいえるでしょう。

一方、写真Ⅰ―2のどれもが「雪国の暮らし」を表象するものであったことから分かるとおり、生活者にとっては除雪も克雪も親雪も利雪も必要な事柄です。どれかだけにしぼっているのではなく、その時々に雪との付き合い方を調整しながら生活してきた結果として、こうした言葉が生まれたのです。

ここで、日々の雪との付き合いのひとつである「雪かき」という行為を思い浮かべてみましょう。皆さんはスコップやスノーダンプ、小型除雪機などを手にしている具体的な行動が情景として目に浮かびませんか。その行動の目的は何でしょうか？

雪かきとは当然のことながら除雪を目的とした行為です。しかし、雪（降雪や積雪）にともなって起こる

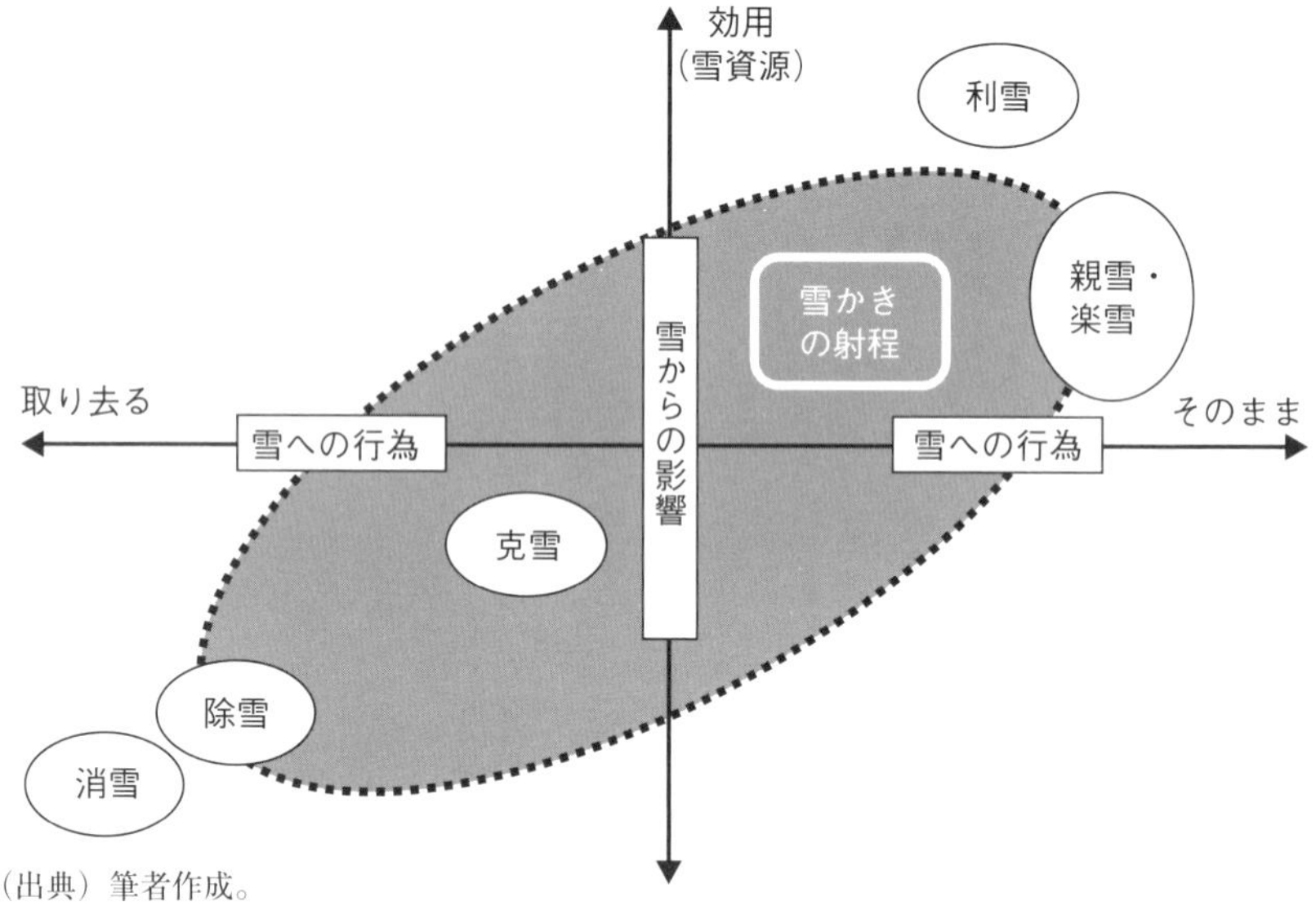

(出典) 筆者作成。

図Ⅰ―3　対象としての「雪害」の位置づけと雪かきの射程

さまざまな問題(たとえば、高齢者の外出や、外出の目的でもある通院や買い物など)の克服という観点からいうと、雪かきの目的は克雪ともいえるでしょう。もし雪かきにふだんは雪が降らない地域の人たちが参加して、それを介してともに雪を〝ネタ〟に交流を楽しむとしたら、克雪だけでなく、そこには親雪や楽雪といった目的も生まれます。つまり、雪かきという行為は目的が固定化されたものではなく、いろいろな目的にも結びつく具体的行動なのです(図Ⅰ―3)。

目的に向かうための具体的行動の積み重ねをプロセスといいます。地域づくりという言葉は、「地域をこうしたい」という目的も当然ありますが、目的を達しないから意味がないわけではありません。そこに向かうプロセスにも大いに意味があります。同じような結果が得られたとしても、どのようなプロセスを踏んだかによって、地域づくりといえるかどうかが変わってきます。筆者が専門とする農山村における地域づくりの研究では、自立した地域の内発

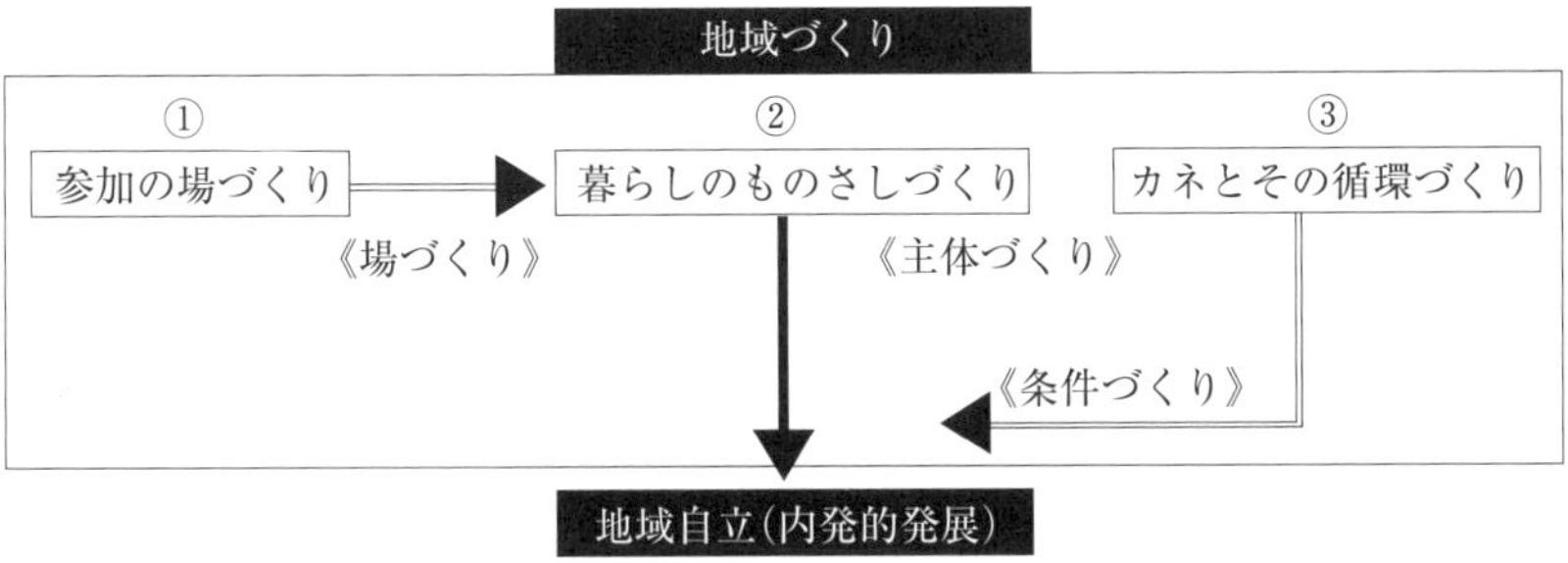

(出典) 小田切徳美「自立した農山漁村地域をつくる」大森弥・北沢猛ほか『自立と協働によるまちづくり読本――自治「再」発見』ぎょうせい、2004年。

図Ⅰ―４　地域づくりの３つの要素

的な発展を目指す観点から、図Ⅰ―４に示した①〜③の要素が地域づくりに重要であるとされています（小田切、２００４）。

①住民参加を促す〝場〟をつくること（参加の場づくり）。

②その地域の生活や資源の価値を住民自らが認識すること（暮らしのものさしづくり）。

③それらが経済活動に結びついていくこと（カネとその循環づくり）。

地域における共助の雪かきという具体的行為は①の「参加の場づくり」そのものです。都市などの地域外からの除雪ボランティアを受け入れて行う雪かきは、都市から来たボランティアの目を通じて地域住民が雪の価値、地域の価値に気づくという効果（交流の鏡効果）がありますから、②の「暮らしのものさしづくり」といえるでしょう。さらに、第Ⅲ部で紹介するボランティア・ツーリズムやＣＳＲ（企業の社会的責任）やＣＳＶ（共有価値の創造）といった活動は、③の「カネとその循環づくり」ともつながりそうです。このように、地域づくりの「手段」としての雪の可能性が確認できます[2]。

雪国という多自然居住地域

さて、雪国という地域はどこを指すのでしょうか。政策的には、豪雪法において豪雪地帯に指定された地域が該当します。その地域的な特徴

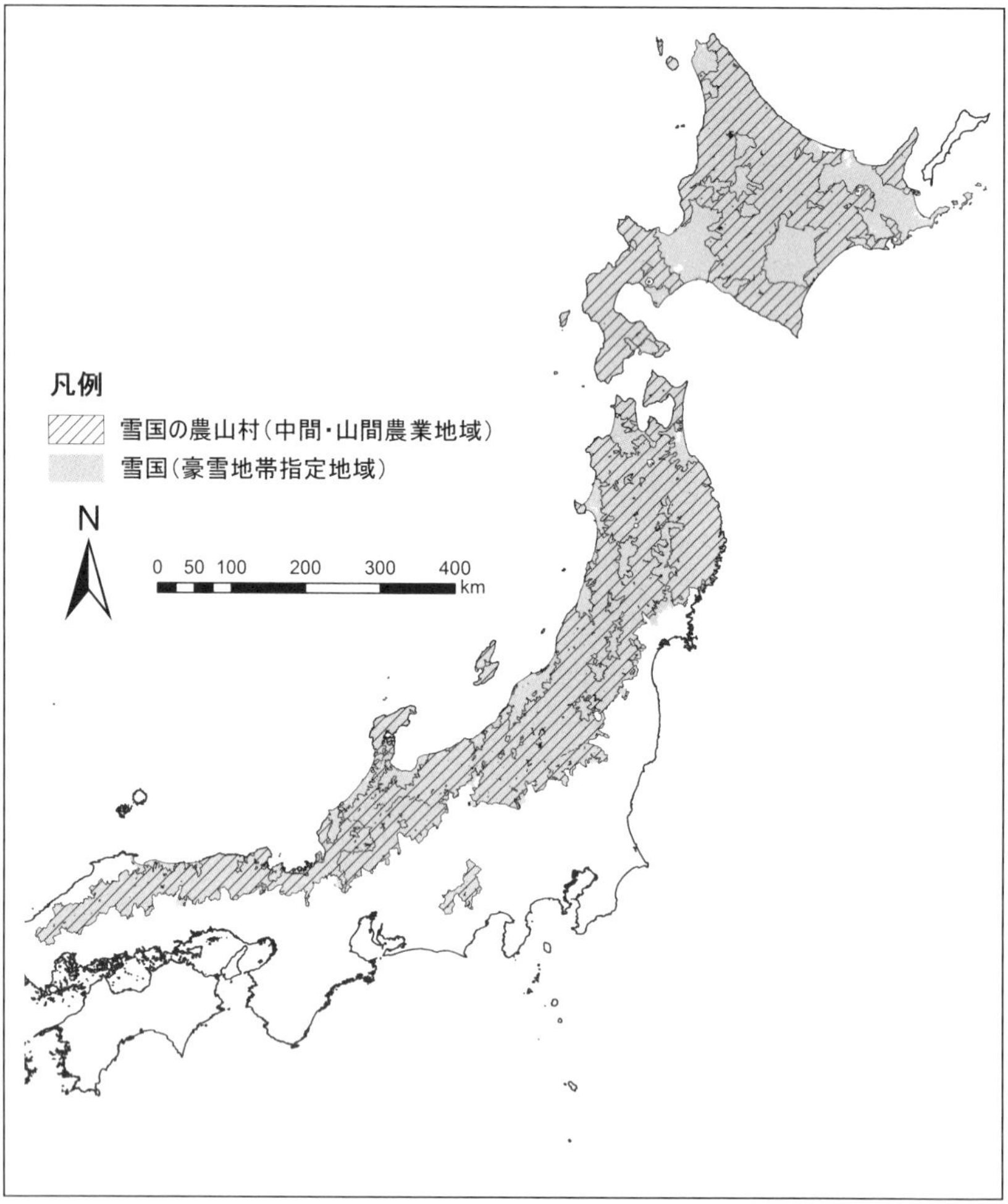

（注）見やすくするために、豪雪地帯以外の農山村地域の範囲は省略した。
（出典）筆者作成。

図Ⅰ―5　豪雪地帯における農山村地域の範囲

を見るために、豪雪地帯の地図の上に、農山村地域の範囲の地図を重ねてみました（図Ⅰ―５）。ここでいう農山村地域とは、農業地域類型の中間農業地域と山間農業地域で、農山村地域を指し示す言葉としてよく使われる「中山間地域」の語源となった範囲です(3)。

図を見ていただくと一目瞭然ですが、その範囲のほとんどに斜線が引かれています。つまり、豪雪地帯の大半は農山村地域なのです。豪雪地帯のなかに占める中間・山間農業地域の面積比は78・７％、これに平地農業地域まで入れると94・２％に達します。逆に、都市的地域は５・８％にすぎません。この数字から、雪国の問題は、地域課題として考えたときには農山村地域の問題にきわめて近いことが分かります。そこで、農山村地域の地域づくりの基本的な考え方を紹介しておきましょう。

皆さんは「多自然居住地域」という言葉を聞いたことがあるでしょうか。20世紀最後につくられた国土計画『21世紀の国土のグランドデザイン』（１９９８年）で提唱された、農山村地域の捉え方です。

それまで農山村地域は、政策的には「過疎地域」や「僻地《へきち》」「辺地」というように、問題をかかえた地域としてネガティブな捉え方をされてきました。しかし、この国土計画では、21世紀の地域社会を見越し、「農山漁村等の豊かな自然環境に恵まれた地域を、21世紀の新たな生活様式を可能とする国土のフロンティアとして位置づけるとともに、地域内外の連携を進め、都市的なサービスとゆとりある居住環境、豊かな自然を併せて享受できる誇りの持てる自立的な圏域」として創造することが目指されたのです。そして、図Ⅰ―４で確認した自立した地域の内発的な発展を目指す「地域づくり」という考え方が登場しました。

多自然居住地域の創造に向けたポイントはいくつかあります。最も特徴的なのは、地域の持続性の主体を地域住民だけにこだわらず、地域外の人びとも視野に入れた「交流」の必要性を強調した点です。具体的には、都市と農山村の交流の意義を、こう説いています。
「今までにない発展のしくみをつくるヒントは、自分の属する地域や系統を考えることだけからは生まれない。そのヒントは異質の系統のなかにこそ潜んでいる。したがって、異質の系統との行き来や交渉すなわち交流が、新しい発展には不可欠ということになる」（宮口、１９９８）
この「交流論」がひとつのベースとなり、都市と農山村の交流はグリーン・ツーリズムなど観光的な取り組みにとどまらず、２０００年から始まった地域づくりインターン事業（宮口編著、２０１０）などの実践へと展開します。さらに、農山村地域における人材として高い期待を集める地域おこし協力隊など、さまざまな制度へと結びついていきました。これらの政策は、移住であれボランティアであれ、農山村地域外に住む都市住民が農山村地域に足を踏み入れるハードルを低くします。そのことで「都市と農山村のフラットな関係」（松永、２０１５、45）がもたらされました。

雪かき・雪国の多面的機能

多自然居住地域の概念の提示と併せて、この間に大きく変化したのが農山村地域の機能の位置づけです。そもそも農村を辞書で引くと、「経済生活の基礎を農業におく村落」と書かれています。ところが、第二次産業や第三次産業の拡大にともなって農業従事者が減少し、農産物や林産物を生産する農業や林業という経済的基盤の機能は低下しています。これに代わって注目されるようになったのが、農業・農村の多面的機能です。農業・農村の有する多面的機能とは、国土の保全、水源の涵養、自然環境の保全、良好な景観の形成、文化の伝承など、農村で農業生産活動が行われることにより生ずる、食料その他の農産物の供給の機能以外の多面にわたる機能をいいます。つまり、農産物・林産物の生産だけでなく、農山村地域の価値は多岐にわたることを明示したのです。

このような多面的機能は、固定的に捉えるものではありません。むしろ、地域づくりというプロセスのなかで地域の機能(価値)を新たに見出すのも発展のための重要な戦略です。農山村地域が農業生産の場という固定観念から解き放たれたように、雪かきや雪国ならではの多面的機能を求めたさまざまな活動が必要です。それは決して難しいことではなく、本書の各章にちりばめられているとおり、ふだん行う雪かきという行為を少し見つめ直し、ちょっとだけ工夫をすることでもたらされます。

第Ⅲ部2でも触れますが、地域を衰退させる一番の原因は地域住民がネガティブな意識を持ち、誇りの空洞化を起こすことです。雪かき・雪国の多面的機能を探す活動は、雪が降らない地域では成し遂げられない、他の地域に誇れる固有の地域づくりのプロセスなのです。

〈筒井一伸〉

(1)『デジタル大辞泉』小学館(https://dictionary.goo.ne.jp/jn/)。2018年5月5日検索。『デジタル大辞泉』には2018年8月現在、29万5400語が収録されている。

(2) 地域づくりの「手段」としての雪を明確に主張したのは1980年代の秋田県横手市とされる。沼野夏生「資源としての雪」『建築雑誌』1982年12月号、44〜47ページ。

(3) 現在使われる「中山間地域」の範囲には、農業地域類型以外が含まれることがある。たとえば島根県中山間地域活性化基本条例では、過疎地域(過疎地域自立促進特別措置法で指定)、特定農山村地域(特定農山村地域における農林業の活性化のための基盤整備の促進に関する法律で指定)、辺地地域(辺地に係る公共施設の総合整備のための財政上の特別措置等に関する法律で指定)のうちひとつでも該当する地域を「中山間地域」としている。

第4章　雪国でない地域の大雪「たまさか豪雪」

めったに雪が降らない地域の雪害

「たまさか」という言葉を聞いたことはあるでしょうか。辞書には「めったにないこと」「思いもかけないことが起こるさま」と記載されています。ですから、このタイトルはめったに降らないような大雪を指しています。それは、地域であったり、降る雪の量であったり、時期であったりします。

表I—2は２００９～18年の10年間に日本で発生した主な雪害の一覧です。最近の雪害は、ふだんあまり雪の降らない地域（「たまさか雪国」と呼ぶことにします）でも多く発生していることが分かります。とくに、２０１４～18年の5年間は、南岸低気圧による関東地方での度重なる大雪や、めったに雪の降らない九州や四国でも大雪が降りました。

以前と比べて、たまさか雪国での大雪は増えているのでしょうか。半世紀以上にわたる雪の観測記録を見ると、熊谷市（埼玉県）や甲府市（山梨県）では、２０１４年に記録を塗り替えています。とくに甲府市では日降雪量が2月8日に45センチに達し、６日後の14日には83センチに塗り替えました。東京でも２０１8年1月22日に第６位の日降雪量23センチを記録し、14年２月には第10位以内の日降雪量が2回も発生しています。近年では、地球温暖化が取りざたされて夏の高温や豪雨が話題となっていますが、冬に目を転じれば、たまさか雪国での記録的大雪も増えているわけです。

東京など関東地方での大雪のニュースが流れると、雪国の人びとは口をそろえて「その程度の雪で

表Ⅰ－２　2009～18年に発生した主な雪害

日　付	概　　要	主な日降雪量（※は欠測を含む）
2010年12月25～26日	福島県会津地方で大雪。国道48号の２区間で合計300台を超える車が立ち往生。	会津若松94cm（25日） 猪苗代 78cm（25日）
2010年12月30～11年1月2日	鳥取県を中心とした大雪のため死者・行方不明者6名。国道９号では約1000台の車が、JR山陰本線では特急列車が立ち往生。	米子 79cm（31日） 境港 70cm（31日）
2011年1月30～2月1日	福井県を中心に大雪。北海道で約800台、国道８号で約150台の車が立ち往生。JR北陸本線で７本の特急列車が立ち往生。	今庄 66cm（30日） 敦賀 42cm（31日）
2012年2月1～2日	青森県の下北・上北地方で大雪。国道276号では大雪と吹雪のため約400台の車が立ち往生。大雪や暴風のため秋田県などで死者５名。	大間 51cm（1日） むつ 33cm（1日）
2013年3月1～3日	急速に発達した低気圧と冬型気圧配置のため、北海道を中心に大雪や暴風雪。北海道では吹雪による立ち往生などで死者９名。	上札内 35cm（1日） 音威子府 55cm（2日）
2014年2月8～9日	南岸低気圧の通過により関東地方を中心に大雪。車のスリップや除雪作業中の事故などで、死者８名。道路の通行不能や鉄道の運休などの交通障害も発生。	河口湖 66cm（8日） 千葉 32cm（8日）
2014年2月13～19日	発達した南岸低気圧により関東甲信地方で記録的な大雪。落雷や倒壊した建物の下敷きになるなど全国で死者26名。積雪や雪崩による車の立ち往生、集落の孤立も多く発生。	甲府 83cm（14日） 秩父 59cm（14日）
2014年12月4～7日	強い冬型気圧配置により西日本から北日本にかけて大雪。徳島県では脱輪のため２名が凍死したほか、積雪や倒木による車の立ち往生や集落の孤立が発生。	四国の気象庁アメダスでは、すべて積雪0cm
2016年1月23～25日	新潟県中越地方で大雪。長岡市内や見附市内を含む周辺地域で著しい渋滞と立ち往生が発生。九州地方など西日本でも記録的大雪、死者６名。	長岡 69cm（24日） 長崎 18cm（24日）
2017年1月22～25日	鳥取県内を中心に大雪。除雪作業中の事故などで死者５名。米子道、鳥取道、国道373号などで約650台の車が立ち往生。	大山 95cm（23日） 智頭 70cm（23日）
2017年2月9～14日	鳥取県内を中心に再び大雪、除雪作業中の事故などで死者５名。JR山陰本線の列車が22時間足止め、山陰道で約100台、国道９号で約150台の車が立ち往生。	鳥取 65cm（10日） 倉吉 47cm（10日）
2018年1月22～27日	南岸低気圧の通過により関東甲信地方や東北地方太平洋側で大雪。低気圧通過後の強い冬型気圧配置により新潟県や福島県を中心に大雪。死者４名。	東京 23cm（22日） 只見 69cm（24日）
2018年2月3～8日	北陸地方を中心に記録的大雪。福井県や石川県で多数の車両が立ち往生し、鉄道の運休なども発生。除雪作業中の事故などで死者８名。	金沢 52cm（5日） 福井 54cm（6日）

（出典）気象庁資料や内閣府資料、新聞報道記事など。

……」とよく言います。でも、本当に「その程度の雪」と言ってよいのでしょうか。各都市の日降雪量の記録を見ると、日本海側の金沢市（石川県）や鳥取市の第1位は70センチ以上です。２０１４年2月豪雪時の甲府市の83センチは鳥取市を上回り、金沢市に匹敵します。また、秩父市（埼玉県）の59センチも、札幌市（北海道）や新潟市の第1位や第2位に相当します。ふだんは雪があまり降らない関東地方でも、ひとたび大雪に見舞われれば、雪国と比べても遜色ない多量の雪が降る恐れがあることが分かるでしょう。

雪国でも大雪は増えているのか

毎年のように全国のどこかで雪害が発生していると書きましたが、大雪が降る頻度は最近増しているのでしょうか。図Ｉ—６に、札幌市、新潟市、金沢市、鳥取市、東京都千代田区、甲府市の１９６９〜２０１８年の50年間の毎年の日降雪量の最大値を示しました。この図を見ると、毎年同じような大雪が降る期間と、毎年極端に日降雪量の最大値が変化する期間があります。

新潟市や金沢市では１９７０年〜80年代前半は、毎年のように大雪が降りました。２０００年以降は日降雪量の最大値の年変動が大きくなっています。新潟市では日降雪量40センチ以上の大雪は２０１０年以降に3回発生していますが、それ以前は１９８４年までありません。金沢市でも２０１８年に日降雪量52センチを観測しましたが、これは２００４年以来14年ぶりの大雪です。鳥取市では日降雪量が50センチを超える大雪が、１９９９年以降はおよそ6年ごとに発生しています。札幌市では、２０００年以降は極端な大雪が減っているようです。

一方、千代田区や甲府市では、２００２〜13年には目立った大雪はありませんでした。ところが、２０１４年以降は大雪が目立ちます。

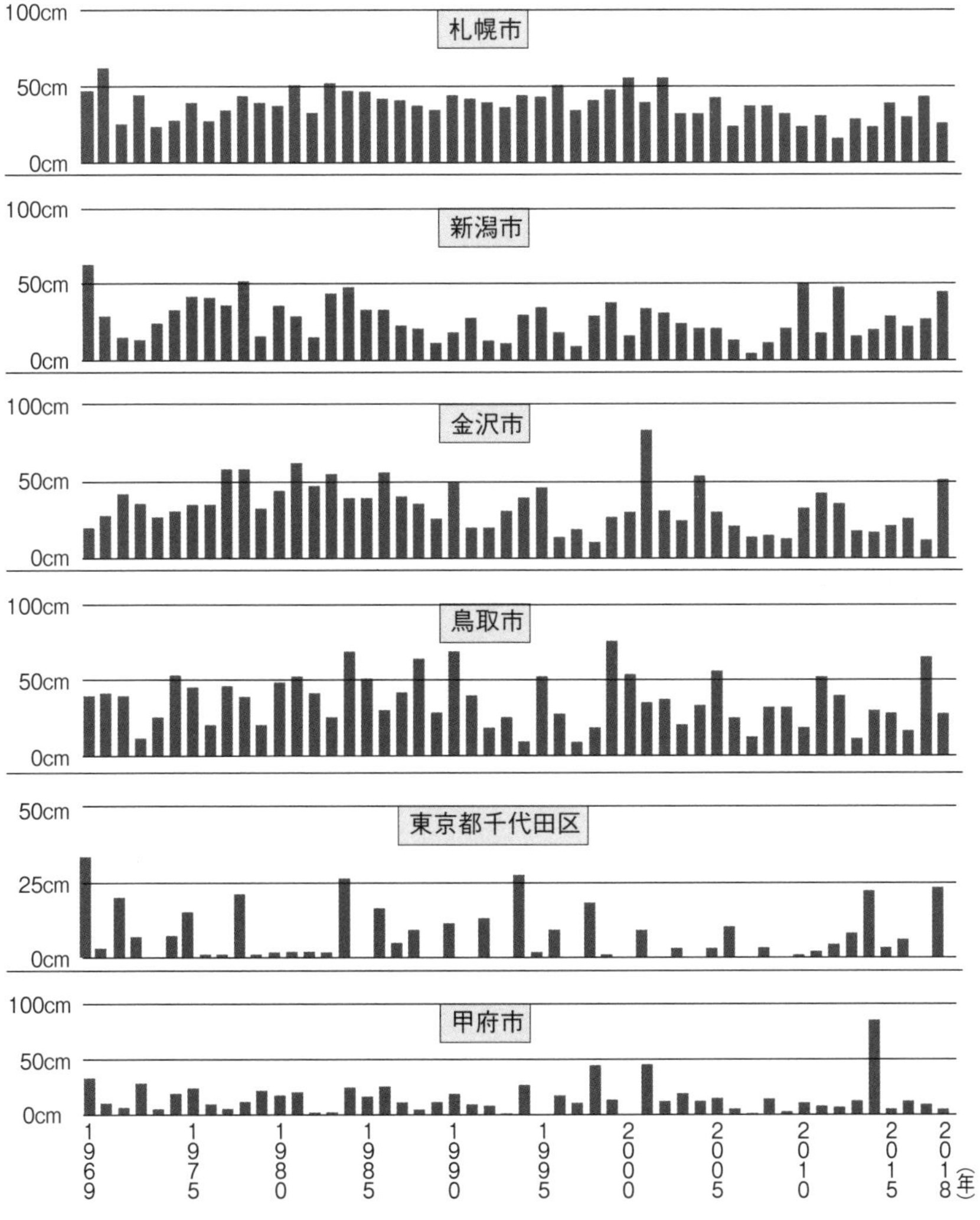

（注）横軸の年号は寒候年で表記。

図Ⅰ－6　過去50年間の日降雪量の最大値

たまさか豪雪は、どんなときに降るのか

群馬県、埼玉県、山梨県でこれまでの記録を大幅に塗り替えた、２０１４年２月の関東甲信地方の大雪について、当時の天気図を詳しく見ていきましょう。

一般に関東甲信地方の大雪は、南岸低気圧によってもたらされます。図Ｉ―７は２０１４年２月15日午前9時の地上天気図です。南岸低気圧が本州の太平洋沖を発達しながら通過しています。東北地方の東海上にある高気圧から低気圧に流れる強い北東風が関東地方に冷気を流し込んだため、雨ではなく雪になりました。そして、本州の東側にあった動きの遅い高気圧が南岸低気圧の東進を抑えたために、雪が降り続くことになったのです。

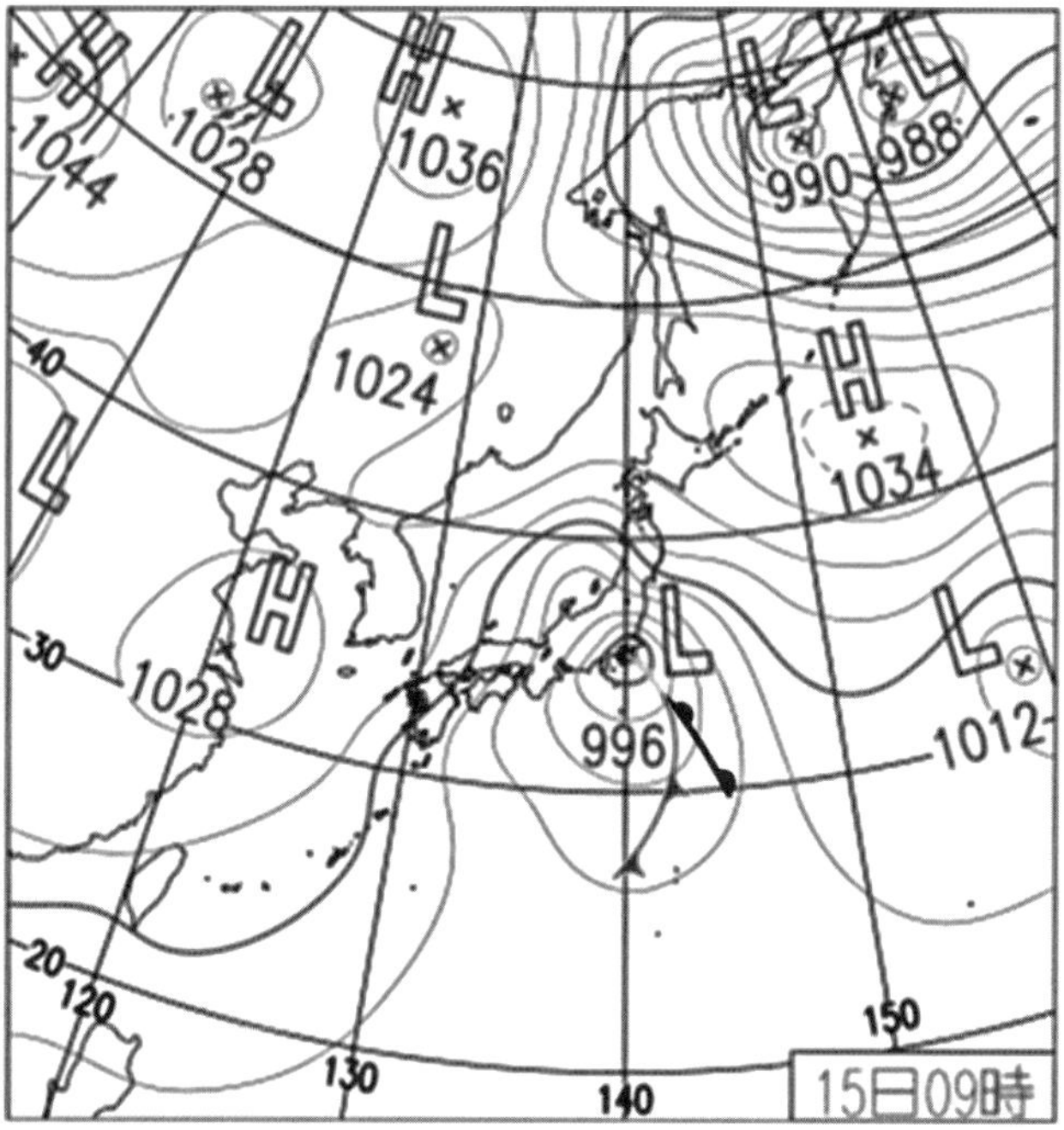

（注）Hは高気圧、Lは低気圧。
（出典）気象庁。

図Ｉ－７　関東甲信地方に記録的な大雪をもたらしたときの天気図　（2014年2月15日）

実は、この1週間前にも南岸低気圧が関東地方に大雪をもたらしました。甲府盆地ではそのときの雪が溶けきらずに残っていて、地表面付近の寒気が維持され続けていたこと

写真Ⅰ－３　2014 年２月 15 日の大雪では関東
地方でカーポートの倒壊が相次いだ（埼玉県）

も、記録的大雪を生んだ原因と考えられています。

たまさか豪雪と賢く付き合う

近年は雪国に限らず、たまさか雪国でもたびたび雪害が発生しています（写真Ⅰ―３）。ひとたび大雪となれば、雪国の大雪と変わらない量が降ることも分かりました。被害は、降雪量ではなく、大雪の頻度によるともいえます。これは、こうした地域が雪に脆弱であるというだけの問題ではありません。

大雪が降りやすい気象条件は、雪国であっても温暖地でもあっても、地域ごとにある程度定まっています。自分の住んでいる地域で発生した過去の大雪が、どのような天気図パターンや気象条件で生じたのかを知っておくことが重要です。それが分かっていれば、大雪となるかもしれないリスクを感じ取ることができます。また、温暖地では雪の観測点そのものが少ないので、標高の高い山間部で思わぬ大雪に見舞われる可能性を理解しておくことも必要です。

大雪そのものを減らすことはできません。大雪に見舞われるリスクに気を配り、思わぬ被害に巻き込まれない準備と行動を心がけることが、たまさか豪雪との賢い付き合い方といえるでしょう。

〈丹治和博〉

第Ⅱ部　雪かきで育った15の事例

除雪ボランティアに参加した札幌市在住夫婦に一言メッセージを書いてもらいました。男性「天気が良くて美流渡がさらにきれい」。女性「雪かき楽しい♡夏の美流渡にも来たい」。雪かきをとおして地域が育ち、関わった人びと皆が笑顔になります（2017年2月、岩見沢市美流渡地区での除雪ボランティア、提供：山本顕史氏（ハレバレシャシン））

第1章

共助　地域一体となって困りごとにタックル

新潟県長岡市小国町

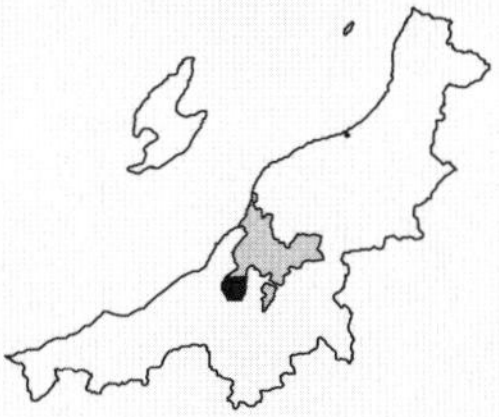

◆基本データ（2015 年国勢調査）
人口：5,468 人　高齢化率：42.1%　面積：86.15㎢
累計降雪量（十日町）：894cm　最大積雪深（十日町）：221cm　豪雪地帯の指定：特別豪雪地帯
◇新潟県の中南部に位置し、中央を信濃川水系の渋海《しぶみ》川が貫流する。農業が盛んで、山間部では棚田を利用した稲作が行われている。また、製造工程で雪を使った漂白を行う、雪国ならではの独特の製法・小国和紙の産地である。2005 年 4 月 1 日に長岡市へ編入された旧刈羽郡小国町の範囲に相当する。

岩手県滝沢市

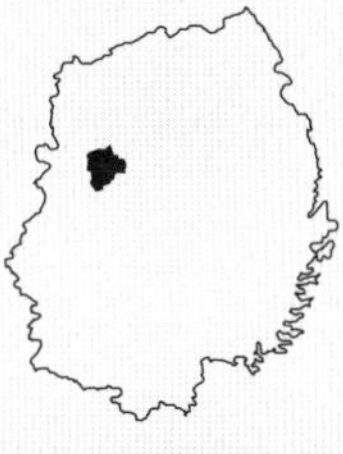

◆基本データ（2015 年国勢調査）
人口：55,463 人　高齢化率：21.4%　面積：182.46㎢
累計降雪量（盛岡）：206cm　最大積雪深（盛岡）：38cm
豪雪地帯の指定：豪雪地帯
◇盛岡市中心市街地から北西約 8km に位置するベッドタウンであるとともに、稲作や野菜、酪農などを主体とした都市近郊農業地帯でもある。内陸性気候で積雪は多くはないが、冬の冷え込みはかなり厳しい。2000 年 2 月 15 日には人口 5 万人を超え、02 年 4 月 1 日から 14 年 1 月 1 日に市制施行するまで、日本一人口が多い村であった。

島根県飯石郡飯南町・兵庫県美方郡香美町

◆基本データ（2015 年国勢調査）
【飯南町】人口：5,031 人　高齢化率：43.5%　面積：242.88㎢　累計降雪量（赤名）：378cm　最大積雪深（赤名）：72cm　豪雪地帯の指定：豪雪地帯
【香美町】人口：18,070 人　高齢化率：36.7%　面積：368.77㎢　累計降雪量（兎和野《うわの》高原）：564cm　最大積雪深（兎和野高原）：99cm　豪雪地帯の指定：豪雪地帯
◇飯南町は出雲地方で、中国山地の脊梁部に位置する。2005 年に 頓原《とんばら》町と赤来《あかぎ》町が合併して発足。谷地区は旧邑智郡谷村の範囲で、1953 年に赤名町と合併した際に石見地方から出雲地方に編入された。香美町は日本海に面した但馬地方に位置する。2005 年に城崎郡香住町と美方郡美方町・村岡町が郡をまたいで合併した。

（注）累計降雪量と最大積雪深は最寄りアメダスでの観測値。

❶ 地域の存続のためにユンボが欲しい！

●新潟県長岡市小国八王子

度重なる災害からの復興を目指して

「ユンボが欲しいんだ」。区長の安澤徹《あんざわとおる》さんの口から最初に出た言葉です。

２０１１年12月20日、私たちは豪雪地帯に位置する中山間地域の集落が豪雪に対してどのように対応しているのか、またこれからどう対応していくべきなのかを探るために、長岡市小国《おぐに》地区の八王子《はちおうじ》集落でワークショップを企画しました。

「国交省から来たんだって？　だったらユンボの1台や2台、なんとかなるんじゃないか？」

たしかにワークショップの主催者は国土交通省国土技術政策総合研究所です。でも、研究所がユンボをどうこうできるはずもなく、私たちは苦笑いすることしかできませんでした。

八王子集落と、つながりの深い隣の芝ノ又《しばのまた》集落は、併せてわずか38世帯、人口84人、高齢化率54％。かなり深刻な過疎・高齢の集落です。平均の最深積雪は１５０センチで、２０１１年には４０５センチ（小国支所）を観測しました。絵に描いたような特別豪雪地帯の集落です。

ワークショップから7年前の２００４年、小国町（現長岡市）は震度6強の地震に見舞われました。中越地震です。震度7を記録した震源の川口町（現長岡市）や、全村避難で有名になった山古志《やまこし》村（現長岡市）ほどではありませんが、かなり大きな揺れに襲われ、被害も少なからず受けました。八王子・芝ノ又集落は、小国町の中では震源から遠く、さほどの被害ではなかったといいます。しかし、かねてからの人口流出を加速させ、集落が消滅してしまうのではないか、と地域リーダーたちは強い危機感を抱きました。

３年後の２００７年には中越沖地震（八王子・芝ノ又集落は両地震の震源のほぼ中間地点）で揺さぶられ、２０１０年度からは３年続きの大雪。度重なる災害で、将来への不安が増していたそうです。

２００７年に、新潟県中越大震災復興基金の事業のひとつとして「地域復興デザイン策定支援事業」が追加されました。その要綱には「被災集落等のコミュニティ機能の再生や地域の復興に関する計画策定に関する経費を補助」すると書かれています。山古志村や川口町の多くの集落では、追加直後からこの事業に取り組んでいました。消滅しかねない人口急減に直面している集落の未来を新たに描き直そうとしていたのです。そんな先進地の取り組みを見ようと、八王子・芝ノ又集落の地域リーダーが川口木沢集落を訪れたのは２０１１年のこと。震災前後で55世帯から36世帯まで急減したものの、似たような境遇にある豪雪の山間集落が前向きに地域おこし活動に取り組んでいる様子に、大いに触発されたといいます。

雪掘り隊の結成！

高齢者の一人暮らしが多く、自力で除雪できない家が3分の1にまで増え、平成18年豪雪（２００６年）では業者に除雪を頼んで20万～30万円も払った家がありました。なんとか近所同士で支え合う仕組みをつくろうと当時の地域リーダーが提案し、２００７年に「八王子・芝ノ又雪掘り隊」を結成したそうです。

先進地である長野県栄《さかえ》村を視察し、村の雪害対策救助員制度を参考に、有償ボランティアの仕組み（第Ⅲ部8参照）を取り入れました。一回の作業あたり1時間１０００円を個人負担とし、震災当時に同じ名前のよしみで東京都八王子会の有志にいただいた寄付金から５００円を上乗せ（２０１１年以降は寄付金が底をつき、１５００円を依頼者が負担）。２０１１年のワークショップ時には、隊員が当初の８名から11名

写真Ⅱ－１　雪掘り隊の活動の様子

に増え、地域の互助システムとして定着していました。

作業の内容は基本的に雪下ろし。経験者は分かると思いますが、要領さえつかめば、屋根からの雪下ろしは案外簡単です。スノーダンプで雪を器用に四角く切り出し、それをスノーダンプに乗せると、重力が味方となって横滑りし、楽に地面に落とせます（写真Ⅱ－１）。もちろん重労働ですが、ベテランと初心者では作業効率も疲れ方もまったく違います。

ただし、下ろした雪を片付けようとすると、今度は重力との闘いですし、動かした雪は固くなるので、人力だけでは相当に大変です。そこで、寄付でいただいた小型ロータリー除雪車で対応していました。それでも豪雪ともなれば、高い雪の壁の上までは飛ばしきれないし、なんといっても処理能力が追い付きません。かつて建設業者だった安澤さんが、個人所有のショベル系掘削機（バックホー、通称ユンボ）を出して作業していましたが、老朽化が激しく、使い勝手が悪かったといいます。いろいろ検討した結果、やはり機械力が不可欠で、ユンボが最適との結論。ユンボが自由に動けるように、庭木を伐採したり、電線を高く上げたりした家もあり、集落内のリソースで可能なことはすべてやったそうです。

ユンボが必要なんだ

私たちがワークショップを開催する少し前から、八王子・芝ノ又集落の復興デザイン策定事業が進められていました。月に1~2回のペースで地域住民が夜に集まり、地域復興支援員(復興基金で雇用された地域復興をサポートする人材)の手助けを受けながら話し合いを続けたのです。こうして2012年2月に、「人を呼び込む八王子になる」という八王子・芝ノ又集落の将来像がまとめられました。

その実現のための行動方針は5つです。①地域自立型の八王子づくり、②明日の八王子の担い手づくり、③住民力による安心安全な八王子、④八王子を支える地域構造の再構築、⑤八王子ライフスタイル・カルチャーの創出。さらに、具体的なアクションとして、「何のために/何を/いつまでに/だれが/どうやる」をマトリックスにまとめました。③のアクションプランに書き込まれたのは、「冬季の安全・安心のために/ユンボを/1年以内に/集落が/先導事業で(購入する)」です(図Ⅱ—1)。

③住民力による安心安全な八王子

どこで	何のために	何を	いつまでに	だれが	どうやる
八王子・芝ノ又全体の	冬季の安全・安心のために	除雪機械(ユンボ)を	1年以内	八八会が	
				MTNが	
			5年以内	集落が	先導事業
				個人が	免許取得
			10年以内	他団体が	
				行政が	

図Ⅱ—1 住民力による安心安全な八王子を実現するためのアクションプラン

先導事業というのは、地域復興デザイン策定に続く事業のこと。ビジョンを描くだけでは絵に描いた餅になりかねないとして手当された、1000万円を上限とする先導的事業への補助金制度です。2012年2月に開かれたデザイン策定発表会で、安澤さんは再び力強く「ユンボが欲しい」と主張します。でも、復興基金の事務局を担う新潟県の担当者は頭をかかえました。震災で甚大な被害を受けた集落が望ましい未来の姿を描き、その実現に向けてユンボが一番欲しいということが、まったく理解できなかったからで、私たち復興デザイン策定事業のアドバイザーも、少なからず面食らいました。

他の地区の事業は、たとえば次のような内容です。

「地域のおいしいお米を、支援に来てくれたつながりのある人たちに直接

写真Ⅱ―2　復興基金で購入されたユンボ

販売したい。大切に育て大事に保管したお米を、お客さんが欲しいタイミングで精米して送りたい。だから、大型の精米機を集落の公民館に導入したい」

ところが、この集落はユンボが欲しいの一点張り。それが地域の未来にどうつながるのか、支援者にも行政にも納得がいきません。安澤さんはこう説明しました。

「この地域で年寄りが安心して暮らしていけるようにするには、雪の問題を避けて通れない。だから、雪下ろしができない年寄りのために、雪掘り隊を結成したわけだし、隊員も新たに募っている。でも、下ろした雪の片付けとなると、隊員頼みでは限界がある。ユンボがあれば、家の周りの下ろした雪を難なく片付けられる。重機免許を持った隊員もいるし、新たに免許を取ろうという若手もいる。ここでみんなが安心して暮らし続けるためには、ユンボがどうしても必要なんだ」

私たちはようやくストンと腑に落ちました。そこからは支援者が力を合わせて、新潟県の窓口担当者を説得していきます。担当者も、上司への説明に苦慮したことでしょう。ともあれ、2012年4月20日、条件付きではありましたが、県からユンボの購入が認められました（写真Ⅱ―2）。

外に開く、外とつながる

2007年からは、新潟県の「スコップ」（88ページ参照）の制度を使い、除雪ボランティアの受け入れも始まっていました。20人や30人という大人数で、毎冬1泊2日で来ます。上手下手より頭数。住宅の周りの除雪では大いに活躍しました。毎年受け入れを続けていくと、常連さんと顔の見える関係が築かれていきます。少雪、つまりボランティアが必要ないような冬でも、スコップ登録隊員の受け入れに変わりはありません。手助けが必要かどうか、彼らが役に立つかどうかよりも、外に開くこと、外の人とつながることの楽しさを実感するようになっていたからです。

２０１０年以降は、郷土料理を地域外に発信しようと、秋祭り（芋煮会）を毎年10月に開催するようになりました。日本固有の高山植物で、小国地区では八王子集落の裏山にあたる八石山《はちこく》にしか自生しないシラネアオイ（地元では八石《はちこく》ぼたんと呼んでいる）があることも分かり、保護しながら観光につなげる取り組みも始まっています。

過疎化も高齢化も、解決はしていません。それでも、豪雪を逆手にとりつつ、「交流の村」として住民が力を合わせて地域おこし活動に取り組んでいます。最後に、ある地域リーダーの言葉を紹介しましょう。「復興ではなく、前よりも良くなった、進歩した。というのも、年寄りがものおじしなくなったからだ。前は外の人と話ができなかった。今はできるようになった。リーダー（安澤さん）も現れたし、次のリーダーも育っている。全体的にうまくころがっていると思う」

〈上村靖司〉

【読み解くポイント】

❖災害からの復興の延長線上にある地域内共助の向上

❖計画と現場ニーズのギャップを発する地域の声を丁寧に拾う

2 住民主導で苦情ゼロに ●岩手県滝沢市

「行政・業者任せの除雪」から「住民協働の除雪」へ

1960年代なかば、家の前の雪かきは雪べら（木製スコップ）でやっていました。小学校高学年になると、おとなに混じって総動員で作業した光景を思い出します。でも、商店街の真ん中ですら、取り除きれなかった雪が凍って、一冬中深い轍《わだち》が残っていました。その後、高度経済成長と車社会へのシフトに並行して道路の舗装と拡張が進み、公共事業としての除雪が本格化していきます。今では「降雪10センチ以上、朝7時までの基幹道路除雪完了」という基準で、指定業者が道路除雪をするのが当たり前です。

「除雪は行政がやってくれる」が当然で、住民の多くは「家の前に雪を置いていくな」「もっときれいに取り除け」「早朝から除雪の音がうるさい」など、不満すら口にするようになりました。バブル崩壊以降の低成長時代に入ると、地方は先んじて急速な過疎化・高齢化、人口減少に直面し、財政難もますます深刻化していきます。除雪作業者の世代交代ができず高齢化する一方で、オペレーターの確保ができずに撤退する業者も増えてきました。このままでは、立ち行きません。

高齢者世帯や一人暮らしの老人を対象としたボランティア除雪を「点と線の除雪」とするならば、高齢化が進む団地や過疎地などでは、地域全体をフォローできる「面の除雪」の必要性が増している。そんな思いが私たち「上《かみ》の山まごころ除雪事業」の出発点でした。

272世帯652人が住む上の山団地は、その名のとおりやや小高い場所にあり、滝沢市内では雪は多いほうです。厳しく冷え込む夜間には、日中解けかけた雪が凍ってさらに固くなるので、除雪車では削り取りきれません。車道の中央部分が盛り上がり、一冬中、除雪作業の邪魔になります。また、道路除雪によって家々の玄関先に置いていかれた固くて重い雪塊は、高齢者には手に負えず、苦情の原因となっていました。２０１４年当時、高齢化率は43％強。以後も上昇することは明らかで、途方にくれていました。

「あの除雪車を貸してくれたら、俺が除雪してやるんだが」

あるとき、かつて重機のオペレーターをしていた自治会役員が、上の山団地に隣接する市営野球場に停まっていた2台の除雪車を見て、こうつぶやきました。調べてみると、業者が保有するこの2台の除雪車の稼働は一冬（4カ月）にわずか10日ほど。残りの１１０日あまりは、野ざらし状態だったのです。

２０１４年5月、滝沢市道路課から国土交通省の克雪事業へ応募の誘いがありました。自治会の役員会や理事・班長会議では、議論百出。

「今年は採択されたとしても、これからも毎年１００万円もの補助金が受けられるのか」

「補助金が減額されたり打ち切られたら、その後はどうなる」

「そもそも除雪は市が責任を持ってやるべきこと。われわれ住民が直接担うのは筋違い。不十分な点は市に改善要求するのが原則ではないか」

激論の末、圧雪（車の通行によって押し固められた路面の雪）・凍結のない安心・安全な生活道路を確保するには、「行政・業者任せの除雪」から「住民協働の除雪」に発想を転換すべきとの共通認識に至りました。こうして、市内30自治会で高齢化率が一番高い上の山自治会が先陣として取り組むことになり、「まごころ除雪隊」を結成。１００万円の補助金を活用して、リースで雪をすくい上げてトラックに積むためのバケット付き除雪車を確保しました。

写真Ⅱ—３　除雪ローダーと軽ダンプによる排雪作業

初年度から大きな成果

住民協働除雪の事業元年となる２０１４年度、私たちは２つの目標を掲げました。①残雪のない団地（地域）の実現、②住民協働領域の拡大と住民連帯の向上です。

市の委託業者による除雪の後に取り残され固まって重い残雪を、リースした除雪車を使い、土曜と日曜に分けて、団地内の公園や畑、隣接する市の公園などに排雪しました（写真Ⅱ—３）。運転しやすくなったのはもちろんですが、見違えるように片付いた風景に住民の多くが喜び、大好評を得られました。

毎回の除雪に参加した住民は、平均20名弱、延べ５８３名です。共同作業を通じて、住民の連帯感が高まったのは間違いありません。この経験は、「やればできる！」「自分たちの地域は自分たちで良くできる！」という自信につながり、地域への誇りも高まっていきます。そして、一部住民による取り組みではなく、自治会全体の除雪事業であるという認識も浸透しました。２４５戸を対象としたアンケート結果でも、86％が「良かった」と高く評価し、次年度の実施を「希望する」という答えは83％。まごころ除雪隊員一同、自信と勇気を持つことができたのです。

思いがけない成果もありました。それは定年後の生きがいです。オペレーター、軽ダンプ運転や作業の警護などを担った隊員たちは、これまで挨拶したことも話したこともなかった地域住民から「ありがとう」「助かるわ」と直接感謝され、とても感動したと言います。地域貢献活動への参加を通じて自分の存在が肯定され、生きがいを感じ、それを仲間と共有できたことが本当に嬉しかったようです。わずかながらも謝礼＝「思わぬ余禄」を得られたことも、「良いことをした」という実感となり、以後の自治会活動への参加意欲も向上したと思います。

本格的な住民協働へ

２０１４年度の経験から、住民満足度の高い除排雪を実現するには、一冬に２～４回実施される市の除雪を待っていてはダメだと分かりました。市が定める除雪基準の10センチに満たなければ、除雪車は出動しません。しかし、車が通るたびに雪が踏み固められてしまいます。ひとたび圧雪・凍結となれば、簡単には剥がせません。高齢者が滑って転ぶ可能性もあります。圧雪・凍結のない道路を実現するには、初期除雪に力点を置くべきなのです。

私たちは、積雪が10センチ未満でも、朝７時にまごころ隊長と事務局長で除雪の要不要を判断し、必要なら直ちに総括指揮者に指示し、そこから当番に連絡して除雪を開始する、というルールを２０１５年度に定めました。こうして、午前は７時45分、午後は12時45分に当番が集合するパターンが確立します。除雪の日と排雪の日を明確に区別した日割り当番表も毎月、作成しました。排雪の日は、市から軽ダンプ２台を借りる必要があります。そこで、土曜と日曜を避けて週２～３回の平日に設定しました（土曜と日曜は他地区でも軽ダンプを使用する頻度が高い）。

また、除雪車の機能を改めて検討していきます。それまでは、バケット付き除雪車を利用していました。もちろん、この除雪車は役に立ちます。ただし、圧雪を削りながら押しのけることのできる排土板付除雪車もあれば、もっと効率よく除雪作業が行えるので、新たに導入しました（写真Ⅱ―４）。

表Ⅱ―1　まごころ除雪隊員数の推移

年度	オペレーター	安全警護・軽ダンプ運転	計
2014	6	10	16
2015	8	20	28
2016	10	17	27
2017	11	22	33

写真Ⅱ―4　排土板付き除雪車

さらに、パワーアップにつながる出来事がありました。団地住民に向けて、まごころ隊員を募集したところ、オペレーターは８名（前年度６名）、軽トラック運転手と安全警護係は合計20名（前年度10名）と、前年度を大幅に上回る応募があったのです（表Ⅱ―１）。初年度の活動が住民に浸透し、しっかりと根を下ろした事業になったと手ごたえを感じた瞬間です。

２０１５年度にはもうひとつ大きな前進がありました。除雪業者との協働です。団地内のバス通りと一部生活道路は業者の担当、残りの生活道路はまごころ除雪隊の担当としました。住民主導の道路除雪だけでも全国的には例が少ないのですが、除雪業者との協議・連携まで踏み込んだ例は聞いたことがありません。画期的な社会実験といえるのではないでしょうか。滝沢市も、次年度以降に国交省の補助金がなくなることも想定し、市による補助の在り方（行政との協働）の検討を始めました。

２０１６年度に入ると、前年度まで若干あった批判や懐疑的な意見は影を潜めます。一方で、感謝や評価の声が高まり、17年度以降にも継続してほしいという声が大きくなりました。２０１４年度から始まった除雪事業を通じ、着実に「上の山方式」の基盤が固められ、本格的な住民協働による除雪体制の確固たる原型が姿を見せたといえるでしょう。

また、２０１５年度の除雪業者との棲み分け体制の結果を踏まえて、16年度は業者との共同除雪車を常時団地内の公園に配備。業者が使用していないときには、随時まごころ除雪隊が使用するという、自治会と業者の新たな協働ルールが試行されました。市役所道路課とも連携を深め、近い将来に国土交通省の補助金なしでも住民協働除雪ができる体制づくりを目指そうと、２０１６年度自治会定期総会において「除雪協力費として１戸１０００円を拠出」を満場一致で議決。自前の除雪財政基盤を確立するに至ったのです。まごころ除雪隊のオペレーターは２０１５年度よりさらに2名増え、隊員の総数は27名となり、より充実した態勢となりました。

２０１６年度に定めた目標は「初期除雪による路上の圧雪・凍結の防止」です。「お向かい同士の班会議」を通じて、より多くの住民から理解が得られるようになりました。除雪の日にはお向かい同士が雪寄せをし合うなどの自発的な協力関係が、前年以上に広がっていったのです。

4年目を迎えた２０１７年度は、除雪事業の飛躍の年となりました。自治会定期総会において掲げた目標は、①上の山方式の財政的自立と三者連携体制の定着、②福祉との一体化、③隊員の負担軽減、そして④さらなる住民満足度の向上です。滝沢市が独自にバケット付き除雪車１台を貸出し用に準備してくれたので、国土交通省の補助金によるリース車両なしでも、排雪日に2台の除雪車を確保できるようになりました。まごころ隊員はさらに志望者が増え、33名になりました（表Ⅱ—１）。

もうひとつ、画期的ともいえる大きな前進がありました。上の山自治会をモデルに、別の自治会でも滝沢市が貸与した除雪車１台による住民協働除雪事業が始まったのです。

大雪でも苦情電話ゼロに

２０１８年2月下旬～3月上旬にかけては例年にない大雪で、除雪車出動の要請電話が市役所に集中しました。ところが、道路課長いわく、「上の山からは1件もなかった」そうです。

この4年間の実践を通じて、「除雪は行政の担当」とする固定観念をはずし、福祉や社会課題、住民自治の観点から問い直してみるべきだと痛感しました。自分たちの地域は自分たちで創るべきもの。安易な行政・業者任せの除雪ではなく、住民主体で業者と協働する除雪を、行政が後方から支援する「住民協働の除雪」に切り替えれば、ニーズに寄り添ったきめ細かな除雪が実現でき、住民の満足度も大きく高められることが実感できました。また、除雪への対応は、住民自治を推進するうえで有効な切り口のひとつです。新しい地域共同体（コミュニティ）づくりの入り口でもあるという確信も得られました。

こうした取り組みをさらに発展させ、広げていくために、以下の3点を滝沢市に提言していきたいと思います。

①大規模農家の所有する大型農機具を私有地除雪に制限せず、公道除雪にも可能とする制度の構築。
②特殊車両の運転免許所有者が公道作業許可証を取得する際の、講習会受講料補助の実施。
③農業機械や人材など地域に眠るリソースを早期に見出し、それらを最大限に活かす政策の推進。

上の山自治会まごころ除雪隊のような活動が広がり、全国の至るところで、住民・業者・行政が一体となった住民主体の「面の除雪」が着実に進むことを期待しています。

〈高橋盛佳〉

【読み解くポイント】
※「行政・業者任せの除雪」から「住民協働の除雪」に発想を転換
※自治会発「住民協働除雪」モデルが市のモデルに

3 西日本型「共助の除雪」の試み

●島根県飯南町・兵庫県香美町

西日本の豪雪地帯

豪雪地帯は国土の半分を占め、西は島根県・広島県までの広大なエリアです。当然ながら、雪の降り方や雪質、そして除雪の仕方や体制は地域ごとに異なります。近畿地方北部や中国地方の豪雪地帯は、人の背丈よりも高く積み上げられた雪の壁が出現するのは稀ですし、屋根から雪下ろしをする人の姿も多くはありません。根雪のない冬もありますが、忘れたころに大雪が降り、大きな被害をもたらすのです。

したがって、こうした地域では「いつ降るか分からない大雪に備えた除雪体制の構築」、そして「雪の降らない冬が続いても油断しない、除雪体制の維持」という課題に向き合っていかなくてはなりません。「西高東低」といわれる過疎化・高齢化の進行もより深刻で、「大雪時の限られたマンパワーと資機材での対応」も大きなテーマです。そして、地域住民の支え合いによる地域除雪が難しくなっているなかで、西日本では一年を通した高齢者の見守りも含めた体制構築が求められています。

ここでは2つの取り組みを紹介しましょう。ひとつは、担い手不足が進むなかで住民有志による有償ボランティア組織を立ち上げて除雪体制を維持していこうとする島根県飯南町《いいなん》、もうひとつは除雪の担い手不足を解消するために広域ボランティアの受け入れ体制づくりを目指した兵庫県香美町《かみ》です。これらの2つの事例から、西日本ならではの除雪体制づくりの特徴を感じとってください。

有償ボランティア組織「スノーレンジャー」の新展開

飯南町谷地区は旧赤来《あかぎ》町にある自治区のひとつです。約90世帯の全住民が構成員である谷自治振興会を２００４年に結成し、廃校となった旧谷小学校を改修して「谷笑楽校」と命名。伝統芸能である石見《いわみ》神楽などの交流活動の拠点として活用したり、町営予約制巡回バスの廃止を受けて、住民有志が運転手をして通院や買い物の支援をする自治会輸送を行っています。こうした住民主体の地域づくりが評価され、２０１１年には「平成23年度過疎地域自立活性化優良事例」の総務大臣賞を受賞しました。この受賞理由のひとつが、高齢者世帯を対象とする除雪組織であるスノーレンジャーです。

スノーレンジャーは、島根県社会福祉協議会の「しまねいきいきファンド助成事業（地域活動支援事業）」に採択された２００９年に結成されました。隊員は事務局を担う筆者（澤田）を含めた17名で、住民からの依頼を受けて有償で除雪サービスを行っています。これまで平均すると、一冬に20件程度の除雪依頼がありました。主なサービス内容は車道から玄関までの木戸道や庭、屋根からの落雪などに対する除雪機械による作業で、料金は1時間以内が１５００円（以後30分ごとに５００円）。試行錯誤しながら除雪サービスを進めてきました。

しかし、除雪機械を使用する際の安全意識が隊員によってマチマチである、依頼者から相談を受けて隊員が出動するまでの連絡体制が不明確で依頼者を待たせる、などの課題を感じるようになっていました。そこで２０１６年から国土交通省の克雪事業を活かして、隊員に対して除雪機械の安全運転講習会を開催。また、谷公民館内にワンストップ窓口を設け、依頼者と隊員との連絡調整をスムーズに行える体制づくりを進めました。さらに、チーム防寒着やスコップなどの資機材も充実させていきます。

こうした取り組みによって隊員の安全意識が高まり、そして依頼を受けてから出動までの連絡もスムーズになりました。とくにチーム防寒着は、スノーレンジャー隊員のやる気と地域住民の関心を高めるうえで期待以上の効果があり、とても役に立ちました（写真Ⅱ—５）。

同時に意義深かったのは、同じく克雪事業に採択されていた滝沢市上の山自治会の取り組みを知ったことです。上の山自治会では、自治会住民が大型除雪機械を自ら調達して、団地内の道路除雪・排雪を行っていました（第Ⅱ部第1章2参照）。谷地区周辺の町道は地元業者が除雪しています。ところが、除雪に来るまで時間がかかり、大雪になると朝の出勤時間に間に合わず、欠勤や遅刻を余儀なくされることがしばしばありました。そこで、上の山自治会の取り組みにヒントを得て、２０１７年度から大型除雪機械を活用してスノーレンジャーによる道路除雪の社会実験を試みました。

写真Ⅱ—５　スノーレンジャーのチーム防寒着

道路管理者である町行政とも協議を進め、地域による道路除雪の本格実施に向けて、除雪従事者の選定や除雪機械の貸与、除雪路線の設定など、具体的な課題をクリアすべく検討中です。これを契機に、スノーレンジャーと自治会を母体とした谷地区内の除雪体制のリニューアルも進めています。

広域ボランティアの受け入れ体制づくり

香美町は、日本海に面する香住《かすみ》区と、山間地域に位置する村岡区・小代《おじろ》区に分かれます。村岡区と小代区の積雪は毎冬１５０センチにもなり、敷地内の堆雪が300センチを超えることもあるため、除排雪が大きな問題です。人口の減少によって小規模集落も増え、住民の支え合いも限界にきています。

香美町では、雪が少ない香住区の住民を対象にしたボランティア登録制度を、香住町・村岡町・美方《みかた》町の社会福祉協議会が合併して発足した香美町社会福祉協議会(以下「香美町社協」)が2005年に立ち上げました。しかし、毎年の登録更新ではなく、〝登録しっぱなし〟。また、除雪ボランティアが必要になるほどの積雪の冬がそれほど多くないという西日本ならではの事情で、ボランティア意欲の維持が難しく、有効に機能していませんでした。そうしたなかで、2011年1月に平成23年豪雪に見舞われます。京阪神地域のボランティアから問い合わせがありましたが、受け入れはできませんでした。

こうした状況に危機感を持った香美町社協は、2012年に兵庫県内から広く除雪ボランティアを募集。登録制除雪ボランティアによる要援護世帯の除雪支援を企画しました。兵庫県では、自然災害が起こると兵庫県社協が調整して、各市町村社協から被災地へ災害派遣が行われます。筆者(瀬戸浦)も2009年の兵庫県西・北部豪雨の際に被害が甚大であった佐用《さよう》町へ派遣され、香美町社協職員は災害ボランティア活動のイメージは持っていました。しかし、香美町で災害ボランティアを受け入れた経験はありません。

広域からボランティアを受け入れる場合に必要な準備と起こりうる課題を考えるためには、冬本番前の関係者全員での実践的な受け入れシミュレーションが必要です。たまたまこの冬は少雪で、除雪ボランティア活動は行いませんでしたが、2013年度と14年度は国土交通省の克雪事業に採択され、本格的な広域ボランティア受け入れを実施しました。

2013年度は、まずボランティアの受け入れ地域を決めるために住民ニーズを把握し、受け入れる際の地域側の役割を説明して、住民の合意を形成しました。主催者は、ボランティアの受付場所の確保、活動前の説明内容の準備、現地への送迎方法、資機材の調達方法などを決めておかなくてはなりません。夏に準備を開始し、秋口までかけて関係者で綿密に話し合いながら準備を進めました。

また、一般の災害ボランティアと比べて雪かきボランティアの実施には、主催者と地域との日ごろのつながりがより重要です。克雪事業をとおして知り合った中越防災安全推進機構（新潟県長岡市）から多くのアドバイスを受け、11月には町内にある県立村岡高校の生徒を広域ボランティアと想定したシミュレーションを実施。参加者全員で気づいたことを話し合い、共有していきます（写真Ⅱ―6）。

写真Ⅱ―6　雪がないなかで行った受け入れシミュレーション

この経験が功を奏し、2014年2月の週末に2週間にわたって、神戸市の高校生を含む広域ボランティアを受け入れることができました。ただし、雪が降らない阪神地域や播磨《はりま》地域（兵庫県）から来るボランティアには、除雪の作業イメージがまったくありません。事前に何をどう伝えればいいか、その方法を考える必要があることが分かりました。

そこで2014年度は、除雪ボランティア活動をイメージしてもらうため、越後雪かき道場（第Ⅱ部第5章1参照）からスタッフを招き、雪かき道場を開催しました。町外ボランティアだけでなく、地元住民が安全対策の重要性を改めて学び直すことも目的です。事前にDVDも作成しました。こうして2015

年2月には阪神地域の神戸高校と伊川谷北《いかわだにきた》高校の生徒を受け入れ、地元の村岡高校と合同の除雪隊を結成して雪かきを行ったほか、一般の除雪ボランティアも受け入れました。ボランティア元年という言葉が生まれたのは阪神・淡路大震災が起きた１９９５年です。だからかもしれませんが、兵庫県内は社協のネットワークが比較的強固で、２０１４年８月の丹波豪雨に対する支援の恩返しとして、丹波市社協などからも参加者がありました。

香美町社協は兵庫県内の社協ネットワークを活かしつつ、県内には実績がない広域からの雪かきボランティアの受け入れ態勢を、中越防災安全推進機構や越後雪かき道場など新潟の実践例から学んでつくりあげてきた自負があります。ただし、その後は雪かきボランティアの受け入れは行っていません。そこまでの積雪ではないとの地元住民の判断があるからです。

「大雪が降らない冬が続いても、油断せずに除雪体制を維持していく」。一見すると意味を見失いがちな取り組みですが、東日本の豪雪地帯に多い〝毎年豪雪〟とは異なる特徴のなかで、西日本ならではの地域除雪体制への挑戦であると思っています。

〈澤田定成・瀬戸浦初美・塩見一三男〉

【読み解くポイント】

❖岩手県「上の山モデル」を参考に住民協働の道路除雪への展開

❖必要頻度が小さい「雪への備え」を持続させる工夫

第2章 協働 雪だるま式に輪を広げる

北海道空知郡上富良野町

◆基本データ（2015年国勢調査）
人口：10,826人　高齢化率：29.9%　面積：237.10㎢
累計降雪量（富良野）：427cm　最大積雪深（富良野）：76cm　豪雪地帯の指定：豪雪地帯
◇北海道のほぼ中央に位置し、夏の最高平均気温が26℃前後、冬の最低平均気温が15℃前後と、気温差が大きい内陸性気候である。基幹産業は農業で、麦類・豆類などのほか、道内で唯一のホップ産地になっている。陸上自衛隊上富良野駐屯地があるため、他市町村より高齢化率が低く、第三次産業人口比率が高い。

群馬県利根郡片品村・北群馬郡榛東村

◆基本データ（2015年国勢調査）
【片品村】人口：4,390人　高齢化率：34.5%　面積：391.76㎢　累計降雪量（藤原）：820cm　最大積雪深（藤原）：209cm　豪雪地帯の指定：特別豪雪地帯
【榛東村】人口：14,329人　高齢化率：23.6%　面積：27.92㎢　累計降雪量（前橋）：22cm　最大積雪深（前橋）：9cm　豪雪地帯の指定：豪雪地帯
◇片品村は尾瀬国立公園の群馬県側の麓にあたる。スキーを中心とした観光と高原野菜などの農業が盛んである。榛東村は県のほぼ中央で、高崎市に隣接した通勤圏にあり、県内で最も人口が多い村である。村内には陸上自衛隊相馬原《そうまがはら》駐屯地があるため、他市町村より高齢化率が低く、第三次産業人口比率が高い。

新潟県長岡市

◆基本データ（2015年国勢調査）
人口：275,133人　高齢化率：28.8%　面積：891.06㎢　累計降雪量（長岡）：499cm　最大積雪深（長岡）：91cm　豪雪地帯の指定：特別豪雪地帯
◇中越地方に位置し、江戸時代には長岡藩の城下町として栄えた。南北に縦断する信濃川の両岸に市街地が発展している。天然ガスの産出量が日本一であり、精密機械や工作機械を生産する企業や米菓の生産などを主とする食品製造業が盛んである。信濃川河川敷では長岡大花火大会が毎年開かれる。

（注）累計降雪量と最大積雪深は最寄りアメダスでの観測値。

1 600人の雪かきボランティアが集結する日 ●北海道上富良野町

自衛隊員による除雪ボランティアから始まった

毎年2月の第1土曜日、600人を超える雪かきボランティアが上富良野町《かみふらの》町役場保健福祉総合センターに集結します。ことの始まりは1993年でした。

「老人宅の屋根の雪下ろしをしてもらえないだろうか」

老人クラブ連合会の会長から、陸上自衛隊上富良野駐屯地曹友会(1)の会長に非公式に相談がありました。「日ごろお世話になっている地域への恩返し。曹友会でボランティアをしよう」と決めた曹友会会長は、各分会に協力を頼むと、有志約70名が集まりました。とはいえ、どの家をどのように除雪すればよいのか分かりません。地域をよく知る上富良野町社会福祉協議会(以下「上富良野町社協」)の事務局長に相談したところ、快く対象世帯を調整してくださり、22～23世帯の雪下ろしや除雪をしたそうです。1993～98年は年間1日の作業でしたが、1999～2003年は2月と3月の可能なときに活動していました。

しかし、徐々に対象世帯が増え、曹友会だけでは手が足りなくなります。そこで2004年に自衛隊の修親会(会員は駐屯地司令以下、幹部自衛官)が加わり、町役場幹部や消防署員にも拡大しました。以後、毎年冬期の第1土曜日に集結して出発式を行い、活動するスタイルが確立します。さらに、『社協だより』を見た町内のグループが参加したほか、機械力が欲しいので企業を誘うなど、上富良野町社協が積極的に声をかけてボランティアの輪が拡大。現在は中学生・高校生を含む16団体で構成され、2015年度は5

89名、2016年度は606名と、参加者がじわじわ増え、除雪対象は約80世帯になります。

日本一危険な雪下ろし

当時の上富良野町社協で除雪ボランティアの運営事務局をしていた瀬田克己さんは2015年春、嬉しい悲鳴をあげていました。ボランティア参加者が多すぎて、その保険料が大きな負担になっていたからです。ちょうどそのころ、国土交通省の克雪事業の公募を見た瀬田さんは「これはボランティアの保険料の足しになる」と思い、申請しました。しかし、軽い気持ちで応募した瀬田さんは、採択団体が一堂に会する9月のスタートアップ交流会で思わぬ洗礼を受けることになります。

（出典）上富良野町社会福祉協議会「“みんながふれあう明るい町づくり”」2003年10月。

写真Ⅱ—7　1993年ごろの雪下ろし。命綱などは一切していなかった

上富良野町では、個人や団体所有の除雪用具や機材を使い、それぞれの経験を頼りに、与えられた現場で除雪作業を行っていました。技術指導も安全講習も受けていません。安全帯（Ⅲ部㉒参照）や命綱どころか、ヘルメットすらかぶらずに、雪下ろしをしていました。いつ事故が起きてもおかしくない状態で、ボランティアたちが作業をしていたのです。しかも、それが危険

だとは誰も認識していませんでした。

スタートアップ交流会で、瀬田さんが意気揚々と「上富良野町では６００人ものボランティアが雪かきや屋根の雪下ろしを一斉に行っています」と紹介をしたところ、有識者から「規模は日本一ですが、危険も日本一ですよ」とのコメント。他の採択団体の発表を聞くと、安全対策に真っ向から向き合っている活動がありました。自分たちの活動は確かに規模は大きいけれども、ボランティアの安全には何の配慮もしていなかったことに気づかされ、瀬田さんは愕然としたのです。

ここから上富良野町社協の意識が大きく変わりました。除雪ボランティアに保険を掛けるのは当然として、安全対策に取り組むように軌道修正。克雪事業の補助金を使って、安全帯や命綱など雪下ろしと除雪に必要な装備を買いそろえました。ただし、装備をそろえただけでは意味がありません。安全帯や命綱などの正しい使い方を学ぶ研修会も急遽、開催しました。研修会は参加したボランティアに好評で、安全意識を高めることの大切さに目覚めていきます。

かみふらのスノーバスターズの合言葉は「世界一安全な上富良野」

当時の上富良野社協の事務局長・菊池哲雄さんは、克雪事業の申請をする際、除雪ボランティア活動を職員とともに「かみふらのスノーバスターズ」と命名。日本一危険という汚名を返上するべく、合言葉を「世界一安全な上富良野」としました。以後、研修会は毎年開催されています。研修会に参加できない人のために、雪下ろし安全ＤＶＤも作成しました。そこでは、除雪の際には隣近所に声をかけて単独で作業を行わない、雪下ろしの際には必ず安全帯を着用して命綱を使う、などのメッセージが織り込まれています。

上富良野町社協の取り組みによって、ボランティアたちの安全対策への意識は飛躍的に向上しました。

かみふらのスノーバスターズに参加する団体からは、ボランティア活動者が毎年交代で研修会に参加していいます。継続して研修会を実施してほしいという声も、聞かれるようになりました。

それでも、安全装備をつけずに雪下ろしをする人はなかなか減りません。安全装備なしで雪下ろしをしてきたベテランに、「危険だから安全帯と命綱を使ったほうがいいよ」と忠告しても、「今まで落ちたことはないし、大丈夫」と言って、耳を傾けません。DVDも、面倒がってなかなか見ようとしません。

高齢者にも分かりやすく安全対策の重要性を伝えるには、どうしたらよいか。上富良野町社協ボランティア推進員の植田美由紀さんが悩んだ末にたどり着いた方法は、お年寄りが集まるふれあいサロンやほっとカフェで紙芝居を使って行うミニ研修会です。こうして以前よりは安全対策の重要性が理解されるようになりましたが、安全帯を装着して雪下ろしをする人は簡単には増えません。とはいえ、少なくとも各家庭、住民会、ボランティアなどの場面で、複数で作業する大切さや転落防止の安全対策が必須だという認識は共有されるようになりました。また、高齢者の見守りや安全についてのコミュニケーションは活発になっているように思います。

２０１３～16年の都道府県別の雪害による死者数（消防庁公表資料「今冬の雪による被害状況等」）は、年平均で北海道14・３人、秋田県９・０人、新潟県６・５人と、北海道が抜きんでて多い状況です。ところが、残念ながらこの数字に道民は気づいていません。

こうしたなかで、上富良野町社協の取り組みは、北海道内では珍しいため新聞に大きく取り上げられ、反響を呼びました。雪下ろし・除雪作業中の事故防止のための研修会の開催、町民への普及啓発のための紙芝居の制作、作業の注意点や道具の使い方を説明するＤＶＤの制作、安全装備40セットの無料貸出制度……。これほど充実した安全啓発を行っているケースは、道内ではないのです。

さらに上富良野町社協は、除雪中に起きる事故を減らすべく、上川総合振興局管内23市町村の社協などへ広く伝える活動を始めています。でも、近隣社協の反応は芳しくありません。ボランティアが雪下ろしをしているのは上富良野町だけだし、そもそも除排雪作業は社協の業務ではないと考えているからです。それでも、植田さんは言います。

「私たち社協の仕事は、いつまでも元気に活動できる高齢者の自立した暮らしのサポート。だから、元気なお年寄りが屋根の雪下ろし中の事故で、介護が必要になってしまうような事態を減らしたいんです」

残念ながら2017年3月、上富良野町内で屋根から転落して亡くなる事故が発生しました。「自分だけは大丈夫」と思いがちですが、実際にはいつ誰が転落事故に遭遇するか分かりません。安全性に対する認識だけでなく、実践がもっともっと広がっていかなければなりません。これからますます高齢化が進み、自力で除雪できない人が増えます。一方で、若い世代の層は薄くなり、雪下ろし・除雪作業の担い手は減少していくでしょう。だからこそ、一斉除雪という文化を大事に継承しつつ、安全性の水準ももっともっと高めていかなくてはなりません。

（1）上富良野駐屯地曹友会は1989年4月1日に発足。曹友会は全国の各駐屯地にあり、主に陸曹の職務遂行能力・資質向上施策、独自活動、駐屯地の行事支援、地域のボランティア支援協力活動などを積極的に実施している。

〈中前千佳〉

【読み解くポイント】

❖「規模は日本一・危険も日本一」から安全対策の大切さの気づき

❖屋根の雪下ろしの安全研修会の実際と「自分は大丈夫」意識との闘い

2 社会福祉協議会同士の広域連携

●群馬県片品村・榛東村

トンネルを抜けると……大雪だった

２０１４年2月の関東甲信大雪の際、前橋市社会福祉協議会（以下「前橋市社協」）から片品《かたしな》村社会福祉協議会（以下「片品村社協」）に勤める筆者（千明）に応援要請がありました。早速トラックに小型除雪機を積み込み、一路前橋に向かいます。国道１２０号はしっかり除雪されていました。ところが、国道を南下して沼田市の椎坂《しいさか》トンネルを抜けると風景が一変。まったく除雪されていません。有名な川端康成の小説「雪国」とは真逆の状況が起きていました。

ようやく前橋市に到着し、大雪たすけあいセンター（雪害対策のため前橋市社協が立ち上げた雪害ボランティアセンター（第Ⅱ部第2章③参照））の支援を始めると、驚くことの連続です。まず、除雪する道具がありません。スコップすらないのです。そして、道具の使い方を誰ひとり知らない。片品村民にとってはできて当然のことが、まったくできていない。もっとも、よく考えてみれば、ふだん雪のない地域ですから無理もありません。除雪というのはノウハウのかたまりだったんだと、改めて気づかされたのです。

関東唯一の特別豪雪地帯・片品村

群馬県片品村は関東地方で唯一、特別豪雪地帯に指定されています。例にもれず過疎化・高齢化が著しく進み、片品村社協としても雪対策は大きな課題です。２００８年に「スノーバスターズ」という除雪ボランティアの組織づくりを始め、村の32地区すべてにつくる計画でした。しかし、２０１３年末に11地区目が設置されたのが最後です。それ以上は広がる目途が立たず、停滞感が漂っていました。

前橋市で雪害ボランティアセンターの支援活動を行ってから3カ月ほど経った5月、全国社会福祉協議会のメールニュースに掲載された事業の募集情報にふと目がとまります。国土交通省が２０１３年度に始めた克雪事業です。停滞しているスノーバスターズ事業に再び息を吹き込む起爆剤になるのでは、と要綱を読み込んでいきます。前年度採択団体の一覧資料をめくっていって「高島市社会福祉協議会」の文字が目に入ってきたので、高島市社会福祉協議会に勤務する知人に連絡をとり、この事業の内容や申請書の書き方などの助言を受けました。早々に申請を決め、申請内容の柱を考えます。

「村の中の体制づくりも大事だが、この機に村の外とのパイプもつくりたい」

筆者はそう考えて、申請書には以下のように、村内の体制づくり2本、村外とのパイプづくり2本の柱を書き込みました。①スノーバスターズの設置と地区へのスコップ・スノーダンプ・防寒着の配布、②村内関係機関のネットワーク会議の設置、③災害ボランティアセンターなどの専門家を招いた講習会、④村外のボランティア団体などとの雪かき体験会の開催。そして、無事に採択されました。

国の事業なので堅苦しい会議や厳しい制約、面倒な注文や指導があると、当初は考えていました。しかし、実際はかなりやりやすく、自分たちのやりたいことが尊重されました。採択団体同士や雪の専門家とのつながりもでき、それが刺激になります。新しいアイデアも生まれました。人と人とのつながりからイノベーションが創出されるように、巧妙に仕掛けが組み込まれていることが分かってきます。たくさんできたつながりのなかで、最も刺激的だったのが「越後雪かき道場」です。

筆者は早速、新潟県で開催されている越後雪かき道場の門をたたきました。受講生としてプログラムを体験し、「ぜひ片品村でも開催したい。前橋市の人たちの除雪訓練にもなるはず」と確信。「翌冬までは待てない」と、採択された克雪事業で予定していた「雪かき体験会」に越後雪かき道場のプログラムを取り入れることを決めます。本家の雪かき道場に協力要請すると、「ぜひ応援したい」と師範代を派遣してくれました。

　2年目も克雪事業に申請し、無事採択。申請内容に「自立」を加えました。ちょうど越後雪かき道場もプログラムとして成熟してきていたことから「暖簾分け」を進めていて、その第一陣（第一号と第二号に同時に証書発行）として暖簾分けが実現します（図Ⅱ―2）。以後、片品村社協が自力で雪かき道場の名称を使ってプログラムを運営するようになりました。本家の「越後」に代わる地名は、悩んだ末に、あえて「上州」雪かき道場と名乗ることに決めました。外の刺激を受けることを目指して始めた事業ですが、前橋市の大雪の経験もあって、片品村から群馬県の近隣地域へ刺激を与えていかなくてはならないという自覚が芽生えていたからです。

第002号

公認

雪かき道場開催団体

Snow Ranger Trainer

片品村社会福祉協議会

貴団体は 豪雪地帯の雪問題解決に向けた強い情熱をもち 雪かき道場®の理念を深く理解し 師範代認定を受けた者が運営することから 開催団体として認定する

平成28年2月3日

越後雪かき道場®
代表 上村 靖司

図Ⅱ―２　雪かき道場開催団体の公認証

　2年間の最大の成果は、暖簾分けによって「上州雪かき道場」が開催できるようになったことです。こうして、前橋市のような雪の少ない地域のボランティアが毎年、除雪のノウハウを学ぶ場所が群馬県内に誕生しました。上州雪かき道場には近隣各県から、毎年たくさんの参加者が集まります。今では、あっという間に定員が埋まる人気プログラムに、成長しました。

　スノーバスターズの組織化が２０１３年の11地区から16年には22地

区に拡大したことも、大きな成果です。全地区普及にはまだ至っていませんが、村内の課題は2年間の取り組みで方向性が見えてきました。補助金をこれ以上あてにはできません。自力で進めることを考えつつ、今後は上州雪かき道場を活かした群馬県内の共助ネットワークの構築に向かっていきたいと考えています。195万人が住む群馬県の中で、わずか0・2%の片品村から、群馬県を大きく変えようとしているのです。

高崎市のベッドタウン・榛東村への飛び火

筆者(小野関、榛東《しんとう》村社会福祉協議会(以下「榛東村社協」))は2016年3月、克雪事業に採択された全国の団体が一堂に会する成果報告会に参加しました。片品村で開かれた上州雪かき道場に参加して大いに刺激を受け、「次は榛東で」という思いもあって聴講させていただき、率直に思いました。「面白い会議だ。国土交通省でこんな会議が開かれているなんて……。片品村の千明君の続きをうちでやってみよう」

榛東村は高崎市のベッドタウンです。住民同士の関係が希薄になりがちな地域で、転入者と元から住んでいた住民との良好な関係づくりと、イザというときの共助の体制づくりが大きな課題でした。そこで榛東村社協では、2007年度から「住民支え合いマップ」づくりを進めていきます。災害時に自力避難が難しい避難行動要支援者(以下「要支援者」)をふだんから見守り、災害時に支援できる体制づくりを目指す取り組みです。区長や民生委員・児童委員、ボランティアなどがマップづくりを通じて、それぞれの団体が一丸となって目的達成へ向けた組織づくりを進めていきました。

写真Ⅱ—8は、2014年2月の大雪のとき、村内のある地区の住民たちが、誰から言われるでもなく率先して道路除雪をしている光景です。偶然通りかかった私は思わず感動し、カメラに収めました。榛東村では、大雪はめったに降りません。いわば災害です。そんなときに、自然発生的な地域共助をふだんの冬でも当たり前に見られる風景にしたい。この風景を榛東村の支え合い地域づくりのビジョンにしようと心に決めたのです。

写真Ⅱ—8　2014 年2月の大雪に際して自然に生まれた共同除雪

克雪事業の申請にあたっては、①除雪体制支援ネットワーク会議（村内）、②除雪安全パンフレットづくり（村内・村外）、③広域除雪体制の検討（村外）、そして④除雪講習会（村外）の４つの柱を立てました。

①は、要支援者宅を見守りながら除雪の支援をしたり、通学路の除雪を行う体制づくりです。役場、小・中学校、ＰＴＡ、消防団、区長、民生委員・児童委員、ボランティア団体などに声をかけ、初年度は小学校区ごとに役場の会議室を使用して、２日間開催しました。２年目には全村から２００名を超える参加者が集まり、役場の会議室では収容できません。中学校の体育館を借り切って実施しました。

「役所から言われてやらされた」と地域住民に思わせず、通学路除雪を「自分事」として考えるような仕掛けも一工夫。克雪事業で購入したスコップやスノーダンプについて、地区ごとに必要な本数を自分たちで考えての申告としました。地区ごとに必要本数を「支給」して公民館などに配備するのが普通なのでしょうが、せっかく配ったスコップを倉庫に死蔵されたくなかったからです。

ネットワーク支援会議でのマップづくりも含め、こうした事前の取り組みを通じて、地域住民同士の顔の見える関係が構築できました。おかげで平年より積雪量が多かった2018年の冬に、スコップを持った住民たちが要支援者宅周辺や通学路の除雪をする光景が各地区で見られました。

除雪を介した村内の関係づくりは着実に進んでいきましたが、村外との関係づくりは道なかばです。県内市町村の雪に対する問題意識に差があるのは当然なので、片品村社協とのネットワークを継続しながら、少しずつ広げていこうと考えています。

2018年3月の活動報告会では、発表者として登壇。以下が結びの言葉です。

「最初は地域福祉活動から除雪活動につなげようと考えていましたが、結果は除雪活動をきっかけとして地域福祉活動につながっていました」

〈千明長三・小野関芳美〉

【読み解くポイント】

※県内の社会福祉協議会で〝除雪というノウハウのかたまり〟の共有

※除雪をきっかけとした地域福祉の醸成

3 手探りの雪害ボランティアセンター運営

●新潟県長岡市

長岡協働型災害ボランティアセンターの誕生

２０１１年冬、私は長岡市で雪害ボランティアセンター（以下「雪害ボラセン」）の開設・運営に携わることになりました。13年間勤務していた東京のシンクタンクを離れ、故郷である長岡市に戻り、中越防災安全推進機構（以下「機構」）に職を得て1年目のことです。

大学と大学院で雪氷工学を研究していた私は、シンクタンクでは国の豪雪地帯対策に関わる調査などを行っていました。現在の職場である機構は、２００４年10月の中越地震を契機に、被災地の復興支援を目的として２００６年秋に発足した組織です。私は２０１０年4月に着任して、地域防災チームの運営を任されました。機構は当時、新築されたばかりの「ながおか市民防災センター」（以下「市民防災センター」）に事務所を構えていました。長岡市が災害に見舞われた際は、ここに災害ボランティアセンター（以下「災害ボラセン」）が開設され、常駐する私たちが率先して運営に当たらなくてはなりません。しかし、その経験や知識がなく、イザという時に対応できるのかとプレッシャーを感じていました。

まず２０１０年6月に、中越地震に際して支援活動を行った長岡市社会福祉協議会（以下「長岡市社協」）、長岡市危機管理防災本部、長岡市国際交流センター、長岡青年会議所、中越市民防災安全士会、情報や防災を専門とするＮＰＯ法人、子育て支援団体などに声をかけ、災害時の対応を学ぶ勉強会（「被災時対応検討会」と命名）を発足させました。月に1回のペースで開催を続けるうち、団体間のネットワークが形成されていきます。

さらに「災害が発生したら、各団体がそれぞれの強みを活かして協働型で災害ボラセンを運営しよう」という基本方針も定まりました。これがきっかけとなって長岡発・協働型災害ボラセンが本格的に始動。その後の実践経験を経て、第19回防災まちづくり大賞消防庁長官賞（総務省消防庁、2015年）を受賞するなど、社会から高い評価を得るまでになりました。

初の雪害ボラセン開設へ

2011年の冬は日本海側を中心に平成18年豪雪以来の大雪となり、積雪量が基準値を超えた1月27日、長岡市を含む4市に災害救助法が適用されました。私たちにとって幸運だったのは、被災時対応検討会を継続して開催し、災害発生時に誰がどのように対応するか議論し尽くしていたことです。長岡市への災害救助法適用が決まったとき、仲間たちと雪害ボラセンを設置したのはごく自然な流れでした。被災時対応検討会で決定していた災害ボラセンの設置手順は次のとおりです。

①長岡市（福祉総務課）と長岡市社協が協議して設置を決定する。
②機構と長岡市社協が話し合って、開設に向けた準備会議の日時と場所を決定する。
③機構から関係団体に対して電話（固定電話・携帯電話）と電子メールで準備会議の開催を連絡する。
④参集できるメンバーで準備会議を開催し、状況に応じて設置・運営方針、実施体制、スケジュールなどを決定する。

2011年1月31日、ほぼこの手順に従って、市民防災センター内に「長岡市雪害ボランティアセンター」（以下「長岡雪害ボラセン」）を設置しました。主な活動は、自力で雪かきできずに困っている世帯（ニーズ）の把握、雪かきボランティアの幅広い募集（シーズ）、両者のマッチングです。
近年では、被災地における災害ボラセンの開設は当たり前になりました。ただし、雪害による災害ボラセンについては飯山市や柏崎市などの限られた例にとどまり、長岡市では経験がありません。市民防災センターでの開設も含めて初めての経験でしたが、協働型の実施体制ができていたことに加え、2月に入ってからは雪の降り方が落ち着いたため、スムーズに運営できました。

それでも、ニーズ把握と雪下ろしへの依頼対応には苦慮しました。雪かきで困っている世帯の大半は、日常生活に何らかの支障があり、ふだんから行政の福祉支援サービスを受けています。自力での情報の入手や、助けの求めが難しく、「雪害ボラセンを開設しました。お困りの方はこちらにお電話ください」と呼びかけても、ほぼ反応はありません。これは、他の災害ボラセンと少し異なる点といえるでしょう。

しかし、逆にいえば、ふだんからその世帯を見守っている方――たとえば民生委員、行政の福祉担当職員、社協職員、近所の住民など――がいるわけです。そうした支援者に対してボランティア派遣のニーズをあげてもらうように周知徹底し、ようやく支援を必要とする世帯を見出すことができました。

「屋根の雪を下ろしてほしい」という依頼も寄せられます。「危険が伴う作業は対象外」とアナウンスはしていましたが、どのような基準で誰が判断するのかは、決められていません。ボランティアの安全管理という最も配慮すべき事項にまで、意識が向かなかったのです。ボランティアが雪下ろし作業中に転落するような事態は、絶対に避けなければなりません。雪下ろし作業の可否をボランティアが自ら現場で判断するのは危険です。善意から、多少危険な作業であっても引き受けてしまいがちです。最終的には、私が専門家としてすべての現場を確認し、判断することで対処しました。

表Ⅱ—2　長岡雪害ボラセン開設までの流れ(2012年)

1月26日	9時　長岡市雪害警戒本部を設置。長岡市危機管理防災本部から、災害ボラセンの関係団体および関係者にメールで状況を伝達。
1月27日	10時　長岡市が災害対策基本法に基づく「長岡市災害対策本部」を設置。 17時半　長岡市社会福祉協議会(以下「長岡市社協」)、中越防災安全推進機構(以下「機構」)、長岡市危機管理防災本部の三者で今後の対応を協議。雪害ボラセンの設置は未定だが、準備は進めておくことを決定。
1月28日	9時　市民防災センターで、雪害ボラセン設置準備を開始。資材をながおか市民防災センターに運び込む。
1月29日	使用車両(レンタカー)、携帯電話(レンタル)を確保。
1月30日	9時　長岡市福祉総務課と長岡市社協が協議し、雪害ボラセンの開設を決定。これを受けて長岡市社協から機構に連絡があり、機構から関係者に連絡し、17時半に招集。 17時半　参加可能なメンバーによる臨時会議を開催し、基本方針と役割分担・体制を確定。その後、長岡市の記者クラブボックスを通じ、マスコミなどへ一斉周知。関係機関(長岡市関係課、新潟県関係課、新潟県社会福祉協議会)へ周知。
1月31日	ホームページ開設。長岡地域の地区社協・地区福祉会(計31地区)、長岡市社協支所へ周知。除雪支援が必要な世帯を把握。ボラセンスタッフによる現場確認開始。
2月1日	長岡雪害ボラセンの活動開始。

まさか……2年連続の雪害ボラセン開設

翌2012年冬。1月の中旬と月末に強い寒気が南下し、北日本から西日本にかけての日本海側で再び大雪となりました。新潟県では1月27日に長岡市、小千谷《おじや》市、十日町《とおかまち》市、魚沼市、1月30日に上越市と阿賀《あが》町、1月31日に柏崎市、妙高《みょうこう》市、南魚沼市で、それぞれ災害救助法が適用されました。

長岡市では災害対策基本法に基づく「長岡市災害対策本部」が設置され、私たちは2年連続となる雪害ボラセンを設置します(表Ⅱ—2、写真Ⅱ—9)。前年の経験から数日先の展開まで容易にイメージできるので、先手を打った行動を心がけました。たとえば1月27日に、長岡市社協、長岡市、機構の三者で今後の対応を協議した時点では、ボラセンの要不要を判断するだけの情報は入手できていません。それでも「空振りになってもいいから、開設する前提で準備を進めよう」と方針を定め、本格的に準備に着手しました。市民防災センター内に事務局を設け、除雪道具を用意したり、レンタカーや携帯電話

写真Ⅱ—9　長岡雪害ボラセンの受付と活動風景（2012年1月30日～2月12日）

表Ⅱ—3　長岡雪害ボラセンの活動実績（2011年と2012年）

	2011年	2012年
設置日	1月31日（月）	1月30日（月）
場所	ながおか市民防災センター	ながおか市民防災センター
活動期間	2月4日（金）～6日（日）	第1次：2月1日（水）～5日（日） 第2次：2月11日（土）～12日（日）
支援対象	自力での雪かき作業が困難な世帯	自力での除雪作業が困難な世帯
活動内容	玄関先、避難口、住宅周りの雪かき作業／屋根の雪下ろし（危険が伴う場合は対象外）	玄関先、避難口、住宅周りの雪かき作業／屋根の雪下ろし（危険が伴う場合は対象外）
除雪件数	47件	第1次43件、第2次43件
ボランティア数	174人（延べ205人）	第1次　240人（延べ240人） 第2次　234人（延べ234人）

を手配したり、ボランティア募集のチラシを作成したりです。たとえ無駄に終わったとしても、「開設しなくてすんで良かったね」「それほどの被害に至らなくて良かったね」と喜べばよいだけのことです。

結果としてその3日後、雪害ボラセンの開設が正式に決まり、2月1日の活動開始日には順調なスタートダッシュを切ることができました。運営スタッフの大半が前年も経験していたので、除雪件数、活動日数、ボランティア数は前年のほぼ2倍です（表Ⅱ—3）。何より、ボランティアの安全に十分に配慮しながら運営できました。

豪雪災害時の対応から日頃の地域づくりへ

２０１３年以降は雪害ボラセンを開設するほどの豪雪に見舞われていませんが、２年連続で開設・運営したからこそ、初年度の経験を次年度に活かし、改善・進化させられました。また、ほぼ同じメンバー・実施体制で取り組めたため、ボランティアを安全かつ効果的にマネジメントする長岡市協働型災害ボランティアセンター雪害版モデルをつくることができ、学会やシンポジウムなどで発信しました。

この経験を踏まえると、根本的な課題の存在に気がつきます。ボラセン運営の機能や効率に焦点を当てると、もっと多くの除雪ボランティアを確保するにはどうすればよいか、支援を必要とする世帯をどのように探し出せばよいか、といった議論になりがちです。しかし、雪国において雪は毎年のことであり、毎日のように雪かきが必要になります。

したがって、まず目指すべきは、豪雪に見舞われても雪害ボラセンを必須としない、つまり地域外のボランティアの力を当てにしなくてもよい地域の形成です。そして、それでも地元では対応しきれない豪雪になった場合、雪害ボラセンの仕組みが有効に機能するための「受援力」、すなわち「地域外からの支援の力を受け入れ、協働で課題を解決する力」を日常的に地域でつくっていくことです。ふだんからの地域づくりの延長線上に雪害ボラセンの活動があるという認識が、きわめて重要だと感じています。

〈諸橋和行〉

【読み解くポイント】

❖雪害ボラセン開設から運営までのリアルな実態

❖雪害ボラセンのマネジメント力だけではなく、地域の「受援力」が必要

第3章 共感 ヨソ者を受け入れ、ヨソ事を取り込む

北海道岩見沢市 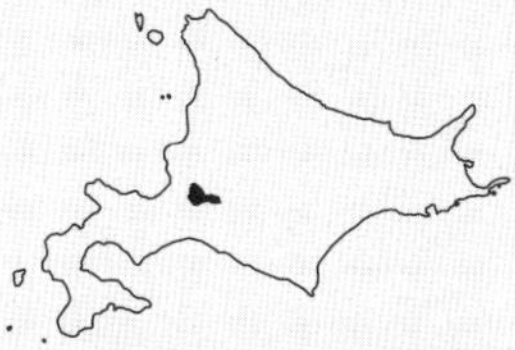	◆基本データ(2015 年国勢調査) 人口：84,499 人　高齢化率：32.5%　面積：481.02㎢ 累計降雪量(岩見沢)：456cm　最大積雪深(岩見沢)：122cm　豪雪地帯の指定：特別豪雪地帯 ◇空知地方の南部、石狩平野の東部に位置し、市域は石狩川左岸から夕張山地にかけて東西に広がる。石炭生産と輸送のための鉄道で発展し、東部の山地に有した朝日炭鉱・万字炭鉱・美流渡炭鉱など大規模な炭鉱と北海道各地の港湾都市とを結ぶ列車の一大拠点となっていたが、炭鉱はすべて閉山した。
山形県尾花沢市 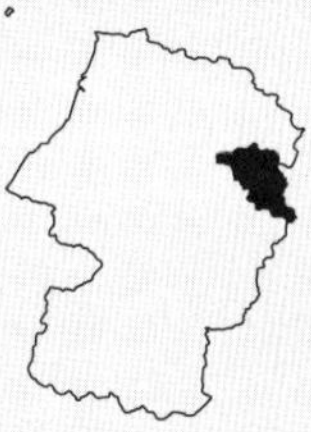	◆基本データ(2015 年国勢調査) 人口：16,953 人　高齢化率：36.7%　面積：372.53㎢ 累計降雪量(尾花沢)：745cm　最大積雪深(尾花沢)：138cm　豪雪地帯の指定：特別豪雪地帯 ◇村山地域の東北部に位置し、東北地方で最少人口の市である。スイカの産地であるが、短い日照時間と低温・多湿・多雪のため春の融雪が遅く、農耕期間が短い。冬の季節風が月山や御所山などの稜線にさえぎられて、平野部でも積雪が 2m を超えるため、飛騨の高山、越後の高田と並んで「日本三雪」と呼ばれる。
北海道石狩郡当別町 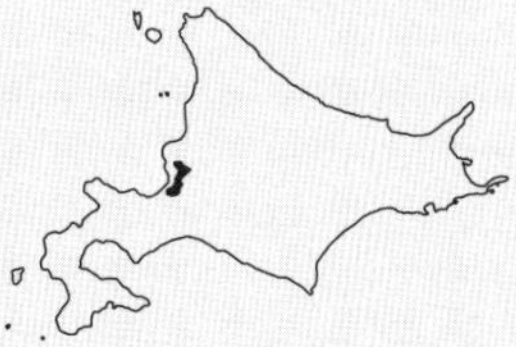	◆基本データ(2015 年国勢調査) 人口：17,278 人　高齢化率：30.2%　面積：422.86㎢ 累計降雪量(新篠津《しんしのつ》)：535cm　最大積雪深(新篠津)：120cm　豪雪地帯の指定：特別豪雪地帯 ◇石狩地方の北部に位置し、札幌都心部から約 45 分のため宅地造成が進み、札幌近郊の田園都市として発展している。風景が似ていることからスウェーデン王国レクサンド市と姉妹都市提携を結び、北欧型建築の家が立ち並ぶ住宅地(スウェーデンヒルズ)の開発が 1980 年代から行われてきた。

(注) 累計降雪量と最大積雪深は最寄りアメダスでの観測値。

1 旧炭鉱街が「ヨソ者」で元気に

●北海道岩見沢市美流渡地区

旧産炭地×豪雪

突然、足元の雪が動き出し、とっさに僕はなだれ落ちる雪とは逆方向に飛んでいました。剥き出しになったトタン屋根の上で四つん這いになって、何が起こったのかを頭で整理できるまでしばらく時間が必要でした。正気を取り戻した後、すぐにとった行動はみんなの安否確認。ひとりの名前を大声で叫んで返事を確かめ、次のひとりの名前を呼ぶ。ひとりだけ返事がありません。叫び続けると、か細い返事が聞こえてきました。Rさんが雪の下敷きになっていたのです。面倒見が良く、40年間にわたって除雪奉仕活動を続けていた人でした。その日の夕方、治療の甲斐なくRさんは帰らぬ人に。78歳でした。

事故の4年前、僕はこの地域を卒業研究の調査フィールドと決め、足を運び続けていました。2011年からは、地域の除雪奉仕活動に参加しながら聞き取り調査を行い、軌道に乗ってきた2年目のことです。僕に美流渡《みると》の歴史と雪かきの技を教えてくれた師匠でした。町内会の役員や民生委員を歴任した、美流渡を象徴する存在を失ったのです。

2012年冬は、42年ぶりに岩見沢市で最大積雪深を更新しました。「平成24年豪雪」と呼ばれ、除雪中の事故も頻発していました。高齢化率が50%を超える美流渡地区では、増えていく除雪困難世帯を支える主力が60代、70代です。比較的元気な高齢者が足腰の弱った高齢者を懸命に支えるという「老老支援」で、ようやく冬の生活を維持していました。2011年にも、68歳の男性が雪下ろし中に屋根から転落して死亡。他者の支援を行う体力や気力は残っていないと自覚し、除雪奉仕活動からの引退者も続出していました。

美流渡地区は、岩見沢市の市街地から夕張市とを結ぶ道道に沿って10キロほど内陸に入った山間地です。年間の累計降雪深は6～9メートルで、市街地よりかなり多く降ります。かつては炭鉱街として栄え、人口が1万人を上回る時期もありました。しかし、エネルギー革命による石炭産業の斜陽化で急激な人口流出が進み、次なる基幹産業を見出すこともできないまま、400人程度にまで減少。家主を失った木造平屋の炭鉱住宅は年々傷み、毎年数棟が雪に押しつぶされていました。ある住民の「今は選挙カーすら来なくなった」という語りは、この街が現代社会から取り残されていく様を当時の僕に切実に訴えかけたのです。

雪かきボランティアの受け入れ

平成24年豪雪を契機に、もはや地域内の力だけでは冬の暮らしがままならないと痛感した僕は、2013年に雪かきボランティアの研究会（「ボランティア活動による広域交流イノベーション推進研究会」、事務局：（一社）北海道開発技術センター）に参加して、地域外の雪かきボランティアたちを連れてきたいと提案し、受け入れられました。こうして、2013年から年に3回、札幌市発の雪かきボランティアツアーを派遣。現在までに、計18回の受け入れをとおして延べ約500名が訪れました。衰退していく地域に毎年たくさんの方が訪れ、今では美流渡の人たちは彼らとの交流を心待ちにしています。ただし、受け入れ当初には、次のような多くのすったもんだがありました。

事例1：現金を投げたおばあさん（2013年2月）

除雪活動後に、ボランティアに現金を渡そうとするおばあさんがいました。もちろん、ボランティアは「現金は受け取れません」と断ります。おばあさんは、出したお金を引っ込めるわけにもいきません。とうとう現金の入ったポチ袋を雪面に投げてしまい、町内会の幹事役が事情を説明して、現金はおばあさんに返されました。

事例2：「炊き出しどころではない」（2014年1月）

町内会の役員会で「炊き出しを用意しよう」という提案があり、2014年の2回目の活動後に実施が計画されました。しかし、1回目の活動中に屋根からの落氷雪が発生。幸い事故には至らなかったものの、居合わせた美流渡駐在所の駐在さんから「十分な安全管理をするように」との指導があり、その対応に追われて炊き出しどころではなくなってしまいました。

事例3：「本当は、屋根の雪下ろしもやってほしかった」（2014年2月）

Aさん（90歳・女性）の家は屋根と地上の雪がつながって、窓が完全に塞がれていました。駐在さんの指導で屋根の雪下ろしができなくなったため、ボランティアたちは窓周りの雪かきだけしかできません。Aさんは後から僕にこう話しました。

「（家に）明かりが入ってきて嬉しいけど、本当は屋根の雪下ろしもやってほしかった。それをボランティアの人たちには言えなかった」

事例4：「あの家の雪かきはしたらダメだ」（2014年2月）

雪かきの対象世帯にボランティアたちが向かったところ、B町の町内会長から「あの家の雪かきはしたらダメだ」と取り下げの要望が入りました。ボランティアがその家の除雪をすると、除雪作業で収入を得ている近所の住民の収入を減らしてしまうとのこと。あわてて別の対象世帯探しに奔走しました。お返しに現金を払おうとするおばあさん、屋根の雪下ろしをしてもらえないことに不満を言うおばあさん、不十分な安全管理と町内会役員内での合意形成の未熟さ……。雪かきボランティアの受け入れを始めて3年間は、次々と産みの苦しみを経験する時期でもあったのです。

受け入れ続けて我が物に

それでも、諦めずに雪かきボランティアの受け入れを続けました。駐在さんからの厳しい安全指導(事例2)を受けたときは、継続を断念しかけたのが正直なところです。しかし、その夏の盆踊りのやぐら建てに合わせてヘルメットを購入して通年での安全意識の向上を試みたり、町内会役員を増員して町内の理解者を増やしたりと、徐々に受け入れ体制の整備を進めました。

今では、駐在さんの指導がなくても、町内会役員は共通のルールで安全管理を徹底しています。雪かきの支援対象世帯の選定で町内がもめることも、なくなりました。そして、現在は婦人部がボランティアたちへの炊き出しを快く引き受けています。何よりも、ボランティアを受け入れるようになってから、除雪中の事故は一件も起きていません。

受け入れが6年目となった現在、僕は当日のボランティアの人数を伝えるだけです。後は町内会役員がすべてを率先してやっています。少し寂しい気もしますが、僕がお手伝いできることは年々少なくなりました。すったもんだをひとつずつ乗り越えて、美流渡の皆さんは雪かきボランティアを我が物とすることができたのです。

雪かきは毎年やってくる困りごとです。だからこそ、他の突発的な自然災害と違って、毎年ボランティアたちの力を借り続ける必要があります。でも、ただ漫然と続けたくはありません。地域の皆さんも僕も、常に柔軟で創造的でありたいと語り合ってきました。ボランティアの気持ちに甘えているばかりで、受け入れる地域が何の努力も変化もしなければ、きっとボランティアたちもやりがいを失い、二度と来てはくれないでしょうから。

受け入れ当初、雪かきボランティアから聞いた「雪かきが楽しい」という言葉に、町内会役員たちは「こっちは毎日雪かきでヘトヘトなんだ」と、とまどっていました。しかし、今は「雪かきに来てくれるボランティアと会えるのが楽しい」と話します。この変化こそが、「ヨソ者」を受け入れることによって、現状維持の考え方から未来に向かってチャレンジする思考へと価値観が転換した証といえるでしょう。

開放された扉

ボランティアという借り物のヨソ者を受け入れ続けることで開放された扉から、待望の移住者が入ってきました。僕が移住者たちと語り合う機会を得たのは、2018年の春です。

1歳になる子どもを背負いながら壁にペンキを塗る女性は、「空き家があると、こんなきれいな街がさびれて見えて、もったいない」と、僕に廃屋の再生法を尋ねました。「美流渡の炭鉱の記憶を自分が得意なデザインで遺したい」とデザイン中のバンダナを見せてくれたのは、彼女の夫です。そして、この夏、二人は小さなカフェをオープンしました。もう一組のご夫婦は、自然に囲まれた環境で参加者が英語を学びながらキャンプや乗馬などのアクティビティを体験する「イングリッシュ・キャンプ」を行いたいと、札幌から移住を決断したと言います。

二組を紹介してくださったのは、雑誌や書籍の編集を生業とする快活な女性。彼女は「不便であること

写真Ⅱ―10　美流渡の人たちがよく見える『みる・とーぶ map』

に居心地の良さを感じる」と、この地の良さを語ります。手描きの地図（写真Ⅱ―10）から、彼らがすっかり美流渡に溶け込んでいる様子がよく伝わってきました。

多様な人たちが美流渡に移り住むことで、新たな活気が生まれつつあります。彼らの話を聞いて、わずか一年間の大きな変化に驚き、自分の中の〝美流渡時間〟が止まったままであることを恥ずかしくも思いました。僕だけがまだ前を向き切れていなかったようです。「選挙カーが来ない」ことを嘆いていた当時の美流渡は、もうありません。「ヨソ者」を受け入れ、「ヨソ者」と未来を描こうとする美流渡が、そこにくっきりと見えたのです。

〈小西信義〉

【読み解くポイント】

❖雪かきボランティア受け入れの理想と、現場での〝すったもんだ〟の現実

❖閉ざされてきた〝地域の扉〟が開いた先にあるヨソ者との地域づくり

2 広域で仲間をつくりヨソ事で地域を変える ●山形県尾花沢市

平成18年豪雪の教訓

２００５年暮れから06年にかけての豪雪で、山形県内の雪に関わる事故による死傷者は２８３名（うち死者13名）を数えました。北海道の４２０名、新潟県の３２０名に次ぐ第３位ですが、人口10万人あたりで見ると23・３人で、山形県が第1位です。山形県は全域が豪雪地帯に指定され、35市町村のうち26市町村が特別豪雪地帯に指定されています。大きく日本海側の庄内《しょうない》、北部の最上《もがみ》、中央の村山、南部の置賜《おきたま》と4地域に分かれ、人口が最も多いのは村山地域です。

雪が多いということは、すなわち雪の事故が起きやすいということでもあります。高齢化率を見ると、山形県全体では32・２％で全国の６番目。東日本に限れば、秋田県に次いで第2位です（２０１７年総務省・人口推計）。尾花沢《おばなざわ》市は37・８％と県内第4位で、市で見れば第1位。自力で除雪するのが困難な世帯の増加は深刻でした。

平成18年豪雪の大きな被害を受け、村山地域の有志はいち早く動きました。２００７年10月、産・学・官・民が結集して、「やまがたゆきみらい推進機構」を設置（事務局は村山総合支庁）。地元の大学、研究機関、民間企業、行政から28名を集めて役員会を組織しました。趣意書には、こう書かれています。

「県民一人一人の英知と地域の潜在能力を引き出し（中略）産・学・官・民の連携を契機に（中略）普及、啓発を行っていくことを目指します」

そして、克雪部会、利雪部会、ボランティア部会の3部会を設置。筆者はボランティア部会の中核として活動していきます。

越後雪かき道場に学ぶ

２００７年に新潟県で越後雪かき道場の取り組みが始まったことは、筆者の耳に入っていました。除雪ボランティアを受け入れるだけではなく、除雪ボランティアに研修の機会を提供するという考え方は新しいですが、同時に安全の水準も高めていかなくてはなりません。筆者の本業は建設コンサルタントで、労働安全については知識も経験も豊富です。２００８年に十日町《とおかまち》市で開催された命綱フォーラムには、専門家のひとりとして招待され、話題提供しました。その場で出席者の話を聞いて、改めて雪下ろしの安全対策の普及が不可欠であることを深く認識したしだいです。

そして、各地の雪仲間たちの取り組みに大いに刺激され、ぜひ山形県でもこれらの活動を導入し、広げていこうと決めました。村山地域の仲間たちに声をかけて準備を進め、越後雪かき道場のスタッフにも足を運んでいただき、２００９年に村山市山ノ内地区と尾花沢市宮沢地区で雪かき道場を開催。山ノ内地区ではスタッフを兼ねて参加し、ノウハウをしっかり吸収しました。

こうした外からのボランティアは大事ですが、それ以上に地域内の雪かきの担い手確保と次世代の育成が必要です。そこで、２００９年から尾花沢中学校と宮沢中学校の生徒による１００人規模の除雪ボランティア活動を開始しました。その名も「雪かき塾」。2年生の総合的な学習の時間を使い、座学による講習後に、地域の高齢者宅の福祉除雪を行います。

参加した生徒たちへのアンケート結果を見ると、活動前には半数ほどが「雪かきは大変だ」と答えているのに対して、活動後はほぼ全員が「やってよかった」と回答していました。雪かき塾は学校からも地域からも生徒たちからも好評で、現在に至るまで雪があるかぎり毎年活動しています。尾花沢市の冬の年中行事として、すっかり定着しました。

これらの活動が軌道に乗り始めた2010年度から3冬続けて、山形県は大雪に見舞われます。とくに2011年度は県内の死傷者数が310名となり、平成18年豪雪を上回る被害でした。この事態を受けて山形県は、2012年度に第3次山形県雪対策基本計画の改訂作業に着手します。改訂とはいえ、関連するあらゆる部署が総力を挙げて全面的に雪対策の見直しをするという本格的な取り組みです。

さらに、計画が絵に描いた餅にならないように雪対策行動計画を作成し、「雪下ろし安全対策の普及・啓発」を明記しました。これに基づき2013年1月から16年2月の4冬に、特別豪雪地帯に指定されている26市町村すべてで、雪下ろし講習会を開催します。筆者は越後雪かき道場・筆頭師範代である本書編者の上村氏のアシスタントとして、ほぼすべての会場に同行し、講習のノウハウを吸収しました。

山形県では、基本計画の改訂に先立って、広く県外からもボランティアを受け入れる施策の準備を進めていました。そのひな形は、新潟県が1998年から始めていた除雪ボランティア登録制度「スコップ」です。「除雪志隊《したい》」と名づけられたその施策では、3万円を上限としてボランティアの交通費・宿泊費・保険料の10／10を補助します。2012年1月に受け入れを開始し、西日本からも参加者があるなど本格的な除雪ボランティア制度としてすっかり定着。メディアにも頻繁に取り上げられるようになり、2014年には熊本から「くまモン」も来てくれました。

尾花沢市では、この除雪志隊の受け入れ開始に合わせて、2012年1月から「尾花沢市除雪ボランティアセンター」を社会福祉協議会に開設します。地域ニーズとのマッチングから当日の安全講習まで、筆者らのこれまでの経験の蓄積をすべて投入。しっかりした運営体制が構築できたと思います。

地域間の草の根相互協力協定

ここで、時計の針を２００９年に戻しましょう。この年、尾花沢市の市制施行50周年を契機に、「みやぎ尾花沢会」が設立されました。県境を越えて百万都市である仙台市と連携し、尾花沢市に活気を呼び込もうという主旨です。自治体間の協定でしたが、地域間交流を望む個人や団体、町内会などへも積極的に会員の輪を拡大しました。

仙台市宮城野区福住《ふくずみ》町の町内会も、そのひとつです。福住町町内会は、２００３年5月の宮城県北部地震を機に地震防災への意識が高まり、自主防災マニュアルを作成するなど町内会全体で防災まちづくりに取り組んでいました。相互の交流が数回行われたころ、万一の災害のときに相互応援できないだろうか、という話題になります。議論を重ね、２０１０年8月29日に尾花沢市鶴子《つるこ》地区と福住町町内会とで、「災害時相互協力協定」を締結できました。「自治体」間ではなく、「自治会」間での草の根協定です。こうした事例は他には聞いたことがなく、珍しい協定ではないでしょうか。イザというときには当然お互いに助け合い、そのときに備えてふだんから訪問や交流を重ねて親睦を深めていこうというものです。

２０１１年1月下旬には、豪雪の鶴子地区に福住町町内会の会員が訪れ、高齢者宅の除雪活動に参加。慣れないスコップやスノーダンプの使い方を鶴子地区の住民から指導を受けながら、一緒に汗をかいて交流も深められました。そのわずか1カ月半後の3月11日、東日本大震災が発生します。「今こそ恩返しを」と、福住町町内会に連絡を取り(14日に電話連絡がつく)、支援物資(おにぎり、野菜、漬物、果物など)をワゴン車2台に積み込み、現地へ運び込みました。福住町町内会は炊き出し用のガス釜や発電機などを備え

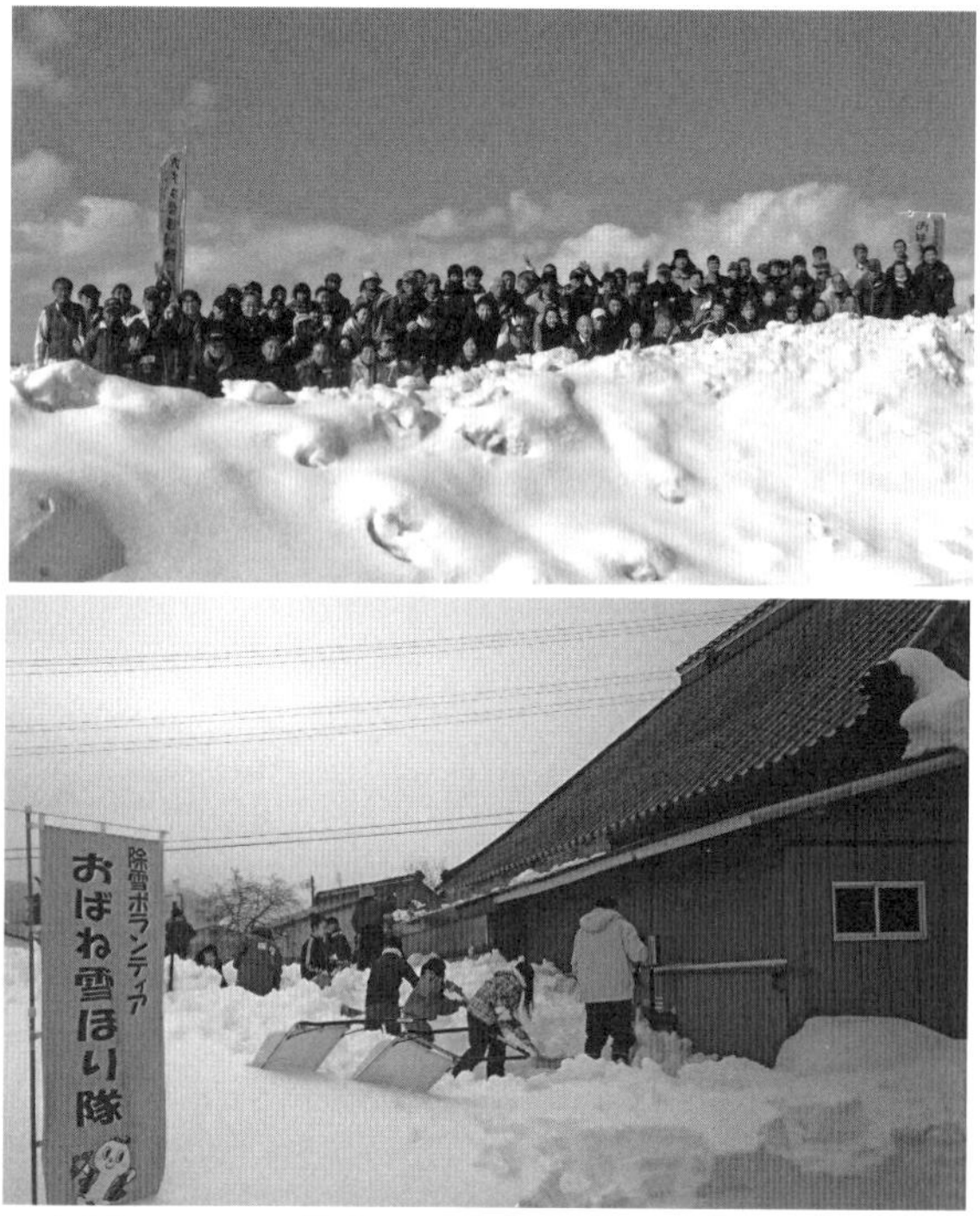

写真Ⅱ—11　福住町町内会と鶴子地区の雪国交流
（上：2017 年 1 月 30 日、下：2018 年 2 月 4 日）

ています。しかし、ガソリンや食料品が不足していて、尾花沢からの救援物資を本当に喜んでくださいました。その後も数回にわたって、鶴子地区から救援物資を調達しては届けました。

２０１２年３月上旬、記録的な大雪となっていた鶴子地区に、震災支援の恩返しにと、福住町町内会から15名が来られて、高齢者宅の除雪に汗を流してくださいました。この年に立ち上がった尾花沢市除雪ボランティアセンターは、除雪道具を貸し出し、除雪の技の講習も行いました。家の玄関先に高く積み上がった雪をスコップやスノーダンプで運び出してもらったおばあちゃんの言葉を紹介しましょう。

「家の出入りが不便だったので、除雪してもらい助かった。今後も交流したい」

２０１０年８月に始まった草の根の災害時相互協力協定の現在までの主な活動内容は、以下のとおりです。

鶴子地区から福住町町内会へ――防災訓練の視察８回、夏祭りへの協力９回、子供育成会による農産物の販売3回。

福住町町内会から鶴子地区へ——除雪ボランティア活動9回、防災訓練参加3回、住民交流5回。

延べ交流数はその他も含めて45回と、年平均約5回の交流が行われています。

これほど中身の濃い交流活動が続いている理由は何でしょうか。まず、両地区にしっかりした地域リーダーがいることだと思います。次に、かねてからヨソ者の受け入れに抵抗が少ない住民の気質だと思います。これは、30年ほど前から夏休みに東京の中学生の農村体験を受け入れていたことの影響でしょう。そして、回数を重ねるうち常連同士が「本気で付き合える仲間」として、絆が形成されてきました。同じ種類の災害に見舞われることのない地域との本気の付き合いは、真の意味での防災力向上につながっているのではないでしょうか。


〈二藤部久三〉

【読み解くポイント】
❖県をまたいだ研修ノウハウの導入と仲間づくり
❖草の根レベルの地域間で結ぶ災害時相互協力協定の意義

３ 移住希望者にこそ雪かき体験を

●北海道当別町

移住希望者向けの体験ツアーを企画

北海道当別《とうべつ》町は札幌市の北側に隣接し、田園風景が広がるのどかな町です。札幌市街地までJRの電車で約35分と通勤圏内にあり、ベッドタウンとして発展してきました。ただし、冬の気候は厳しく、1月の平均最低気温はマイナス11・8℃で、年間の累計降雪量の平年値は816センチ（隣の新篠津《しんしのつ》村での観測値）。道内でも寒冷で、積雪は多いほうです。気候が似ていることから、1980年代にスウェーデンの街並みを再現した「スウェーデンヒルズ」が、西部に造成されました。その美しい街並みに憧れて移住してきた人たちも多くいます。町では移住を推進し、「お試し暮らし制度」などの施策も充実しています。

人口は約1万7000人。高齢化率は30・7％で、北海道の平均より少し高い程度ですが、一人暮らしの高齢者世帯や障がい者世帯など、除雪支援が必要な世帯は相当あります。そこで、当別町社会福祉協議会（以下「当別町社協」）が中心となり、除雪ボランティアを募集して1987年ごろから派遣してきました。地元の高校生や大学生、自衛隊員などが活動し、除雪ボランティアが活発な地域の一つです。

筆者らが事務局を務める「ボランティア活動による広域交流イノベーション推進研究会（以下「ボラベーション研究会」）」では2015年2月、当別町を舞台に「移住体験モニターツアー」を企画しました。町役場は当初「わざわざ辛い冬の体験をさせたら、移住しようと思っている人まで嫌気がさして、止めてしまうのではないか」とあまり乗り気ではなかったようです。私たちは、「冬の暮らしに不安を抱いているから、移住の決断ができずにいるのです」と説得し、実施にこぎつけました。

　このツアーでは、北海道への移住に興味のある参加者に限定し、真冬の北海道の暮らしを体験していただきます。企画にあたっては、当別町美しいまちづくり課（現在は企画課）、福祉課、当別町社協に加え、「住んでみたい当別推進協議会」とボラベーションン研究会による検討会を結成。あえて、辛くて大変な雪かきの体験もプログラムに入れました。とはいえ、北海道へ移住したいと思ってもらうには、冬の暮らしに対する不安を和らげなくてはなりません。

　初めての雪かき体験でしょうから、丁寧な講習が必要です。どんなスコップを使ったらよいのか、どうやって雪をかいたらよいのか。雪国ならではのご近所との助け合いも実感してほしいので、町内民家での雪かき体験の時間を確保。冬の楽しみも味わってもらうべく「氷のホテル」体験や雪遊び体験などを2日目に組み込み、後半には先輩移住者から直接話を聞く機会も設けました。参加者の募集は、当別町役場などの協力を得て、２０１４年10月に大阪市で開催された北海道暮らしフェアでのＰＲに加えて、北海道移住促進協議会のウェブサイトなどでも行いました。その結果、10名の定員は募集開始から1カ月も経たずに埋まり、キャンセル待ちが出るほど。最終的に受け付けたのは5家族（おとな10名と子ども2名）です。

初めての雪かきと先輩移住者との交流

　ツアー初日、新千歳空港に到着した参加者を出迎え、空港から当別町までのバス車中で役場職員が町の概要を伝えます。町内に入ると、スウェーデンヒルズ、北海道医療大学、優良田園住宅などを車中から見学しました。町役場に到着すると早速、参加者から、排雪を頼める業者や医療・福祉施設など、矢継ぎ早に質問。夜の歓迎夕食会では、翌日への不安の声が噴出しました。

写真Ⅱ―12　除雪機の操作を体験する参加者。除雪への不安がやわらぐ

「これまでの人生で雪かきをしたことがない。できるだろうか」

「どんな格好で雪かきをしたらいいのか」

ツアー2日目。まず、屋内でスタッフが除雪の方法や危険性などを教えます。そして、いよいよ外に出て雪かき作業です。高齢者宅での最初の作業には、北海道医療大学の学生が合流し、一緒になって汗をかきました。また、町役場職員が除雪機のデモンストレーションを行い、参加者も操作を体験しました（写真Ⅱ―12）。案ずるより産むが易し。実際にやってみればなんとかなり、除雪への不安はいくらか和らいだようです。作業終了後、除雪したお宅に住む女性と参加者が歓談する様子も見られました。


午後は町内の「アイスヒルズホテル」に立ち寄り、実際に宿泊できる氷と雪でできたホテルの説明を受けて見学。その後、スノーモービルやスノーシューなどを楽しみました。夜は、本州からの先輩移住者や移住ガイド、当別町職員らを交えての交流会です。参加者は、冬の暮らしや住まい選びのコツなどを、先輩移住者から熱心に教わっていました。


3日目は、当別町内の「旅する木」という木工家具屋さんの一室をお借りして、先輩移住者らによるトークセッション。質問が集中したのは、医療や福祉面と、冬の除雪や暴風雪時の対策です。

「医療や福祉の面で不足はあるが、札幌に近いのでそれほど困らない」

「冬の除雪はやはり大変。若いうちはいいが、年を取ったらご近所さんと助け合わなければ無理だ」

参加者からは、こんな感想が聞かれました。

「除雪機を使ったり、雪に強い家を探せばなんとかなるというアドバイスに、安心しました」

「高齢者宅の雪かきを手伝う代わりに子守を頼めるような関係を築いていければいいなと感じました」

移住者の声

ツアー参加前に感じていた移住の障壁は、「医療」「福祉」「公共交通」「冬の生活」「仕事の問題」「スーパーなどの生活関連施設」の順でした。参加後のアンケートでは、約9割が冬の生活の障壁は解消したと回答。10名のうち7名が北海道への完全移住を考えていて、9名が移住先候補に当別町を挙げました。

移住体験ツアーの開催から2年後、参加者の1組が4歳のお子さんと一緒に移住してきました。自然豊かな環境、安全で美味しい食べ物、都会では体験できない雪のアクティビティ(雪遊び)ができる環境など、子育てするには理想の土地だと考えて移住を決めたそうです。1年後の2018年6月に、その後の様子を聞きました。以下その内容を紹介しましょう。

「2014年ごろから、自然豊かな北海道で子育てをしたいと思うようになり、情報収集していました。移住体験モニターツアーに応募したのは、厳冬期の北海道の暮らしには漠然とした不安があったからです。雪かきは一回もしたことがなかったので、道具の使い方を教えてもらったり、実際に住宅で雪かきを体験させてもらって、具体的な冬の暮らしがイメージできました。

また、地元の学生さんと一緒に雪かきをするなかで、素朴で純粋な学生さんたちに子どもの将来の姿が重なり、純粋に住みたいと思いました。町内の方からは、『少子化が進んでいるので、親子連れがこの町に住んでくれたら嬉しい』という言葉をお聞きし、とても嬉しくなりました。東京は人間関係がドライで、他人にあまり関心がない人が多いのです。でも、当別町の方々は温かくて、こんな場所で子育てしたいと思いました。役場職員とも知り合いになれて、いろいろと相談できたのも、とても良かったです。
わずか3日間の滞在でしたが、暮らしのイメージがつかめ、一気に移住が現実味を帯びました。移住して1年半、見るものすべてが新鮮で、とても楽しいです。子どもは雪が大好きで、雪が降ると毎日外で遊んでいます。私も雪のある暮らしは気に入っていて、移住して本当に良かった。
東京はモノや情報があふれていて、選ぶことだけで疲れます。当別の暮らしは、モノが少なく不便だけれど、ないなかでいかに工夫して暮らすか、その不便さを楽しんでいます。冬の暮らしは、想像していたほど怖くはありませんでした。（吹雪で一面が真っ白になる）ホワイトアウトになったら家から出なければよいし、暮らしやすくするのは自分の工夫しだいです。中古の除雪機を購入し、除雪にはそれほど困っていません。移住ツアーで除雪機を体験したので、抵抗感はありませんでした。移住体験ツアーがなかったら、移住していたか分かりません。良いツアーを企画してくださり、ありがとうございました」
漠然とした不安要因である雪かきを地元の人びとと一緒に体験する。雪かき作業の大変さというマイナス面だけではなく、氷のホテル体験など雪のプラス面（雪国の魅力）も体験する。もともと北海道での暮らしに興味がある人たちです。ツアーで提供した体験を通じて、その意識が強くなったといえるでしょう。

〈中前千佳〉

【読み解くポイント】

❖地域固有の大変さ（辛い雪かき）を体験する移住モニターツアー

❖移住希望者の「雪かき」イメージをつくる地域住民との交流

第4章 共生 補い合う折り合いのつけ方

山形県酒田市・鶴岡市

◆基本データ（2015 年国勢調査）
【酒田市】人口：106,244 人　高齢化率：32.6%　面積：602.97㎢　累計降雪量（酒田）：256cm　最大積雪深（酒田）：31cm　豪雪地帯の指定：特別豪雪地帯
【鶴岡市】人口：113,733 人　高齢化率：36.3%　面積：1,311.53㎢　累計降雪量（櫛引）：512cm　最大積雪深（櫛引）：74cm
豪雪地帯の指定：特別豪雪地帯
◇酒田市は庄内地方北部にあり、江戸時代は西廻り航路で栄えた。最上川の河口右岸に市街地が広がり、北部には鳥海山がある。日向地区は 2005 年に合併した旧八幡町の一部で、庄内地方では数少ない特別豪雪地帯である。鶴岡市は庄内地方南部にあり、庄内藩 14 万石の城下町として栄えた県内人口第 2 位の都市である。

群馬県前橋市

◆基本データ（2015 年国勢調査）
人口：336,154 人　高齢化率：27.7%　面積：311.59㎢　累計降雪量（前橋）：22cm　最大積雪深（前橋）：9cm　豪雪地帯の指定：なし
◇市域の北部は赤城山、南部は関東平野が広がり、利根川の両岸に市街地が開ける。内陸性気候で冬期は晴天が多いが、数年に一度 30cm を超える大雪に見舞われる。また、冬の北西季節風が強く、俗に「上州のからっ風」と呼ばれる。県庁所在地であり、「行政や文化の中心は前橋、交通や商業の中心は高崎」といわれる。

北海道苫前郡苫前町

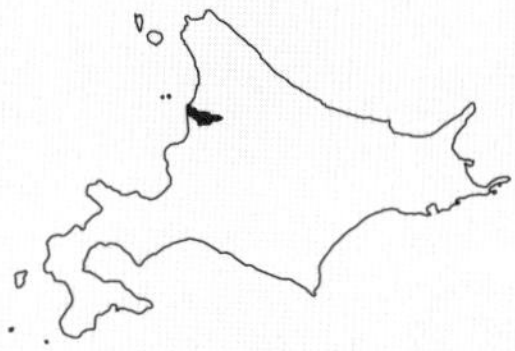

◆基本データ（2015 年国勢調査）
人口：3,265 人　高齢化率：39.1%　面積：454.60㎢
累計降雪量（古丹別）：482cm　最大積雪深（古丹別）：129cm　豪雪地帯の指定：特別豪雪地帯
◇留萌《るもい》地方に位置し、東部一帯は天塩《てしお》山脈の山岳地帯となっている。冬は強い北西の季節風が吹くため北海道最大級の風力発電風車群があり、雑誌などでもたびたび取り上げられる。沿岸部（苫前地区）は漁業を主要産業とし、内陸部（古丹別地区）は稲作を中心とする農業、酪農、林業が盛んである。

（注）累計降雪量と最大積雪深は最寄りアメダスでの観測値。

1 労力交換でコミュニティ連携

●山形県酒田市日向地区・鶴岡市三瀬地区

地域内外の除雪ボランティアを受け入れる

山形県酒田市日向《にっこう》地区は人口764人、高齢化率38・6%(2015年国勢調査)で、旧八幡《やわた》町の中心部付近から鳥海山の登山口あたりまでの広いエリアに12の集落(自治会)が点在しています。そのうち、とくに積雪量が多い大台野《おおだいの》自治会や湯ノ台《ゆのだい》自治会などでは過疎化・高齢化が進展し、地域住民同士の力だけでは十分な除雪支援が難しい状態です。そこで、地域住民と地域外の人びとがともに、一人暮らしなどの高齢者世帯の住居の除雪作業を行うボランティア活動を行っています。

2009年4月に日向公民館が日向コミュニティ振興会へと衣替えし、同時期に八幡小学校と統合して廃校となった日向小学校の旧校舎を日向コミュニティセンターとしました。公民館という社会教育の拠点から、12の自治会を相互補完する地域運営組織(コミュニティ組織)に転換したことで、地域づくりの模索が始まります。当初はビジョンがないまま、振興会の役員や事務局の考えだけで進めていたことや社会教育中心の活動への迷いがあって、地域づくりの方向は定まりません。

そのときに、「今できていることが10年後も続けてできていると思いますか?」と問う〝地域支え合い活動〟を知ります。そして、2011年度は「高齢者生活実態調査」、12年度は「地域支え合い」をテーマにしたワークショップを展開し、「福祉〝で〟地域づくり」を合言葉とすることにしました。そして、居場所づくりや防災マップづくりといった「見守り活動」と「地域支え合い除雪」から開始。後者は「日向さ

表Ⅱ―4　日向ささえあい除雪ボランティアの活動スケジュール（2015年度）

作業／活動（日程）		作業／活動の内容
2015年6月1日	地域支え合い活動検討会	地域支え合い活動についての意見交換
2015年7月1日	地域支え合い活動実行委員会	実行委員会での決定
2015年9月1日	日向ささえあい除雪ボランティア対象者についての検討会	民生委員・地域包括支援センター・自治会長による除雪対象者の検討
2015年11月1日	地域支え合い活動実行委員会	日向ささえあい除雪ボランティアの実施内容の確認
2016年1月	日向ささえあい除雪ボランティア（1回目）事前打ち合わせ	実行委員会メンバーと除雪各班リーダーによる除雪ボランティアの内容確認
2016年1月	日向ささえあい除雪ボランティア（1回目）実施	2時間半の作業と終了後に昼食交流会
2016年2月	日向ささえあい除雪ボランティア（2回目）事前打ち合わせ	実行委員会メンバーと除雪各班リーダーによる除雪ボランティアの内容確認
2016年2月	日向ささえあい除雪ボランティア（2回目）実施	2時間半の作業と終了後に昼食交流会
2016年2〜3月	地域支え合い活動実行委員会	地域支え合い活動の年間振り返り

（出典）日向コミュニティ振興会資料より作成。

さえあい除雪ボランティア」として、２０１２年度冬（２０１３年２月）から先行的に実践活動を開始していきます。

酒田市では、それまでも除雪支援をしてきました。しかし、日向ささえあい除雪ボランティアが目指したのは、除雪という結果だけではありません。除雪を実行するために夏ごろから活動について意見交換し、地域内のさまざまな声を丁寧に聞くことで、地域づくりの基本である住民参加意識の醸成が図られました（表Ⅱ―４）。

さらに、この活動に参加した地域内外の人びとから「若い人の声を何十年か振りに聴いた」「同じ日向地区の住民だが雪の多さに驚いた」「交流会が温かい雰囲気で良かった」などの感想が聞かれるなど、交流の鏡効果（第Ⅲ部11参照）も見えてきました。活動に参加した地域外の若者がクラウドファンディングで資金を集めて日向地区に〝里帰り〟するなど、「関係人口」づくりにも発展しています。

自治会活動と連動した有償除雪ボランティア組織

山形県鶴岡市三瀬《さんぜ》地区は合併前の旧鶴岡市の南部に位置し、人口１３９５人、高齢化率34・８％（２０１５年国勢調

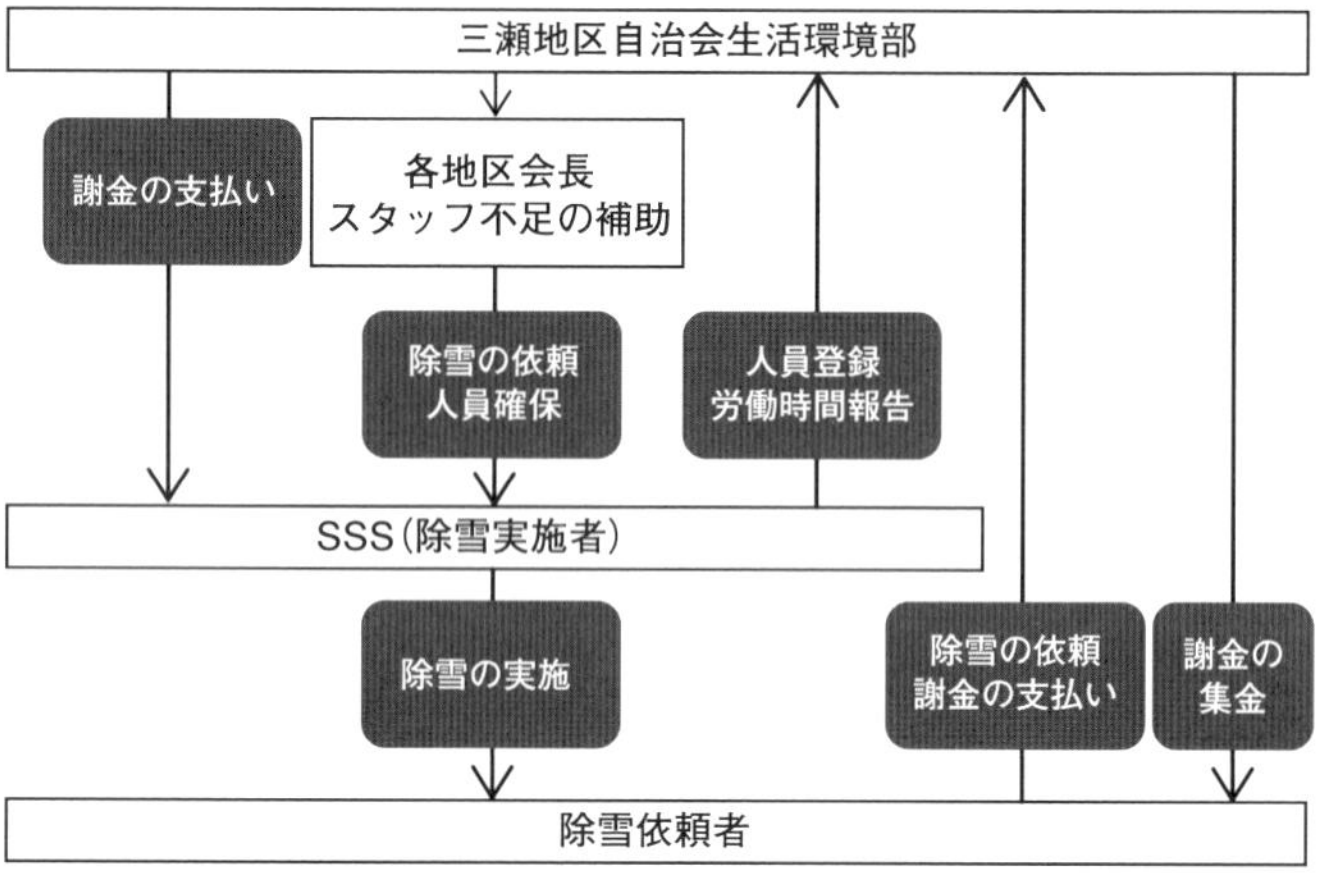

（出典）三瀬自治会資料より作成。

図Ⅱ―３　さんぜスノースイーパー（SSS）の活動体制図

査）。三瀬海岸の海水浴場と八森山《はちもりやま》のスキー場を有し、海岸部から山間地まで広がる地域です。山形県とはいえ沿岸地域なので雪は少なく、除雪体制は必ずしも十分ではありません。それでも、高齢化と老人一人暮らし世帯の増加から、近所付き合いによる除雪と、三瀬地区の社会福祉協議会である「三瀬福祉のまちづくり協議会」が高齢者の依頼を受けて有償ボランティアをマッチングする除雪支援が行われてきました。

２０１２年に鶴岡市から小型除雪機が提供され、その運用を三瀬地区自治会が担うことになりましたが、有償除雪ボランティアは三瀬福祉のまちづくり協議会が行っています。そこで、双方を統合した仕組みづくりと、除雪ボランティアの人員不足解消などの課題解消を目指して、２０１３年に新たな組織を立ち上げました。それが、さんぜスノースイーパー（略称ＳＳＳ）です。

ＳＳＳの活動の仕組みを図Ⅱ―３に示しました。自治会が事務局となって、希望者の受け付けや精算などを行っています。除雪作業は有償ボランティアとして実施し、２０１７年現在33名の隊員が活動。1人の利用者に対して1名が担当として、冬期間通して割り当てられます。担当者を固定し、個人の実情に合わせた除雪を実施できるようにしているのです。顔の見える関係を築くことで、利用者が高齢の一人暮らしの場合には見守りの意味合いもあります。

ＳＳＳは地域の冬期間のさまざまなトラブルにも対応してきました。リーダーを1名選んでおき、降雪時にはリーダーがパトロールを実施。雪による困りごとを発見すると他の隊員に連絡し、協力して作業にあたっています。これまで、強風で壊れた看板の撤去や、鉄道の高架下にできる巨大なつららの除去、海沿いの津波避難道（階段）の除雪作業などを実施してきました（写真Ⅱ―13）。

写真Ⅱ―13　日向ささえあい除雪ボランティアに参加するSSSのメンバー

ＳＳＳには20歳代から80歳代まで幅広い世代が参加しており、地域内の世代間のコミュニケーションの場としての意義も生まれています。除雪は平日早朝の突発的な作業というイメージがありますが、緊急性が低い津波避難道などは休日に作業し、比較的若い世代の隊員（＝臨時出動隊員）の活躍の場の提供にもつながっています。２０１６年度は20～40歳代が9名と全体の3割程度を占め、除雪技術や活動内容の意義が継承されていくことが期待されています。

ＷＩＮ－ＷＩＮを目指す労力交換

雪は少ないが機動的な除雪組織をもつ鶴岡市三瀬地区と、雪かきボランティアを毎年１００人単位で受け入れている酒田市日向地区。この2地域が出会ったのは国土交通省の克雪事業です。同じ庄内エリアにあるものの、市が異なるため、お互いの存在は知りませんでした。しかし、比較的近くで積極的な地

写真Ⅱ—14　三瀬地区の空き家の清掃の様子。日向地区からの参加者はベストを着ている

域除雪に取り組んでいる地区同士であることから交流が始まっていきます。それぞれの特徴を発展させ、強みを掛け合わせたら、お互いの弱みの克服につながるのでは、という発想から生まれたのが労力交換です。

人口減少は除雪だけではなく、お祭りなど大勢の人手が必要なあらゆる活動に悪影響を与えます。そこで、三瀬地区が持つＳＳＳという機動的な除雪組織を除雪が必要な時期に日向地区に〝輸出〟して、代わりに三瀬地区で大勢の人手が必要になる活動に日向地区からボランティアを受け入れる取り組みを始めました。そのヒントは、田植え作業などを、時期をずらしながらお互い手伝い合った昔ながらの「結」です。

２０１６年11月に空き家対策事業として、三瀬地区自治会による「空き家掃除」を実施しました。大人数で一気に掃除して、「貸家」をつくるためです。日向地区から9名を受け入れて総勢20名で、4時間かけて、ごみ袋３５０袋、布団20組、家具などの粗大ごみ多数を搬出して、貸すことができる状態にしました（写真Ⅱ—14）。その結果、20歳代夫婦の移住者を受け入れることができました。役割分担の機能や男性の活躍など、三瀬地区の特徴は日向地区にも大いに参考になったと思います。

一方、三瀬地区からの労力〝輸出〟として、日向ささえあい除雪ボランティアに派遣したのは、２０１7年1月に4名、2月に7名、合計11名です。比べものにならない雪の量や、三瀬地区では1人でやる作業をチームでやるとまどいもありながらも、一気に１００人以上を動かす仕組みや、東京などからのボランティアを誘致する集客力など、除雪作業以外にも学びがありました。

日向地区の持つ受援力と三瀬地区が持つ機動力。両地域の強みを掛け合わせることで、これまでにはない農山村同士の地域間交流、さらには行政をまたいだ地域運営組織同士の連携が生まれています。三瀬地区自治会は広域的コミュニティ組織として、１９７９年3月に発足しました。鶴岡市内の他地域では自治振興会と称している、おおよそ小学校区単位の広域的なコミュニティ組織で、日向コミュニティ振興会と同程度の規模です。これら地域運営組織には、第Ⅲ部[1]で説明をする「攻めの自治」の役割が期待されています。それはひとつのコミュニティで完結する必要はなく、むしろ周囲の地域などとの連携も大切です。

この労力交換の動きは、２０１７年度には鶴岡市の旧温海《あつみ》町木野俣《きのまた》地区へも広がり、活動の合間に三瀬地区、日向地区、木野俣地区で何気ない意見交換も生まれました。意見交換というのは簡単なようですが、実は〝話だけ〟をすることは容易ではありません。具体的活動があると、それを呼び水にさまざまな情報交換ができるものです。この活動は「労力交換」と称していますが、それは労力〝だけ〟を交換するのではなく、さまざまな知恵や思いを交換する手段でもあります。それは新たな形の地域間交流であり、「攻めの自治」を目指す地域運営組織ならではの交流のカタチともいえるのではないでしょうか。

【読み解くポイント】

❖広域コミュニティ組織（地域運営組織）が取り組む雪かき実践

❖異なる課題解決に向けた相互補完の労力交換というチャレンジ

〈工藤志保・石塚慶・筒井一伸〉

2 ないない尽くしのたまさか豪雪

●群馬県前橋市

雪の積もらない地域を襲ったドカ雪

2014年2月15日朝、前橋市社会福祉協議会(以下「前橋市社協」)の事務所に出勤できた職員は、たった1名でした。14日から15日にかけ、関東甲信地方は大雪に見舞われたのです。群馬県の全域、とくに県南部で記録的な大雪となり、前橋市では15日に、これまでの最深積雪37センチ(1945年2月)の2倍近い、観測史上最大となる73センチを記録しました。

翌16日になると、ようやく50名の職員のうち筆者を含む5名が出勤。それでも、ふだん30分の道のりに約3時間を費やしました。職場への道中、経験したことのない大雪にとまどう人たちの姿があちらこちらに見られました。スコップを持っている人はごく限られています。困った末に、ありあわせのちりとりや移植ごて、果てはビールジョッキを使って雪をかく人までいました。今でこそ笑い話ですが、それほど前橋市民の動揺と混乱は大きかったのです。

群馬県は、北部の山間部と南部の平野部で気候が大きく違います。北部は日本海側に近い気候で、冬は季節風の影響を受けて雨や雪が多く降りますが、南部は太平洋側の気候で冬は晴天が多く、雪はほとんど降りません。2014年2月は、新潟との県境や北部山地で雨や雪を降らせた後の乾いた冷たい季節風、いわゆる「上州のからっ風」が吹くはずの南部で大量の雪が降ったために、大混乱に陥りました。

ないない尽くしからの災害ボランティアセンター立ち上げ

この事態を受けて前橋市は2月16日、雪害警戒本部を設置しました。前橋市社協も、災害ボランティアセンター（第Ⅲ部⑨参照、以下「災害ボラセン」）の立ち上げを決定。警戒本部に連絡して、すぐに準備に入りました。とはいえ、少雪地域ですから、雪かきのノウハウはまったくありません。どんな道具を使うかさえ分からず、中越地震などの支援でつながりがあった新潟県の柏崎市社協に電話して、必要な資機材を尋ねるところから始めていきます。

翌日になると、少しずつ状況が把握できました。前橋市社協の介護事業課が関わっている約400軒のうち、降雪以降は全体の25％にあたる約100件にヘルパーが訪問できていません。相当数の要支援者が孤立していると予想され、実際に「人工透析に行けない」「食糧が尽きた」など、困窮している方からのSOSが入り始めていました。73センチという積雪量は、豪雪地帯では驚くほどではないでしょう。でも、ふだんはほとんど雪が降らない前橋市では、市民の命と暮らしが危機に晒される災害なのだと気づかされました。

私たちは前橋市役所の関係課を通じて電話やメールで、地域包括支援センター、介護保険関連事業所、障害者生活支援センター、医師会などに対して、災害ボラセンの立ち上げに向けて動き出していること、必要があれば職員が緊急介入したりボランティアを紹介したりすることを知らせてもらいました。自治会や民生委員などの地縁組織には市役所を通じ、高齢者世帯や障がい者の安否確認と、必要に応じたセンターへの情報提供を依頼しました。

また17日には、多くの方々が次々と駆けつけてくれました。災害時相互支援協定に基づいて県内の社協から派遣された職員、東日本大震災時につながりのできた福島県のいわき市社協の職員（スコップ100

本を携えて）、災害ボラセンの運営支援経験がある社協やＮＰＯの職員、豪雪地域の住民、重機が使えたりＩＴが得意な人たちです。除雪機、スコップ、スノーダンプなどの資機材提供もあったし、群馬県共同募金会からの助成も早々に受けられました。深夜には、にいがた災害ボランティアネットワーク（新潟県三条市）のスタッフが前橋入りし、「前橋市大雪たすけあいセンター」（通称ゆきセン）の組織、機能の整理をしてくださり、２月18日朝８時半、ゆきセンが正式にスタートを切ったのです。

ゆきセンの主な活動

ゆきセンは、大きく以下の４つのチームに分けて運営しました。

①スノーバスターズチーム

現地調査、ボランティアの受け入れから活動場所の紹介、雪かき・機械除雪、資機材の管理などを担当。機械除雪は、動力工具や重機を活用した救援活動で名高い新潟県小千谷市のＳＶＴＳ風組、家屋損壊を伴う現場に対応する新潟県災害救援機構、除雪機やスコップ、スノーダンプなどの資機材を携えて駆けつけた新潟県の魚沼市・南魚沼市、長野県の飯山市の社協、個人ボランティアなどが対応。

②生活支援チーム

人工透析に行けない、食糧が尽きた、暖房器具の燃料がないといった困りごとへの緊急対応を担当。前橋市役所介護高齢課（当時）の職員が常駐し、前橋市社協職員と連携して病院への送迎、非常食や灯油はじめ緊急物資の搬送などの支援を行う。

③地域支援チーム

除雪を行う人手はあるが資機材がない、安全な除雪方法が分からないとの声に応え、自治会や商店街へ

図Ⅱ―4　前橋いっせい雪かき大作戦!!のバナー

の資機材の貸し出し、豪雪地域の支援者(①)によるノウハウの提供を担当。自治会の一斉雪かき活動にボランティアを紹介したり、片品村社協から除雪機やダンプ車の応援を得て作業を一気に進めたところもある。

④本部チーム

市民からの相談の受け付け、人材・活動資機材・運営資金などの調整、広報・メディア対応などを担当。災害ボラセンのウェブサイト構築やSNSアカウントの管理を担った経験のあるITコンサルタント、東日本大震災の被災地で臨時災害FMの運営支援を長く続けているテレビ番組制作者、地元FM局スタッフ、「前橋○○部」というSNSを利用した前橋市民の能動的な行動やそれに対する共感、参加を促す活動を牽引するデザイナーといった経験豊富な人たちが集結し、時宜に適った発信ができた。

キャンペーンの展開

ゆきセンでは設置期間中の2月22日から3月7日に、3つのキャンペーンを展開しました。

①前橋いっせい雪かき大作戦!!(図Ⅱ―4)

2月22日(土)～23日(日)に、市民一人ひとりが自分の気になる場所

だれかがくるのは
いつもうれしい。
ゆきどけがすすむよ。
でもまだ少し、心配。
雪は本当になくなったのかな?
残された雪があれば、片付けてしまおう。
雪によって生まれた困りごとは、
本当になくなったのかな?
雪によって生まれてしまった、
新しい暮らしの困りごとはないのかな?
確かめるために歩こう。
話を聴きにいこう。
誰かが訪ねてくれること。
それ自体が元気につながる。
まだ「おいてけぼり」になっているひとは
いないかな?
目を凝らさなきゃ。
みんなで一緒に春を迎えるために。
さあ。今日から、前橋ゆきどけ週間。
期間
3月1日(土)〜7日(金)
おのおのができるところでやってみる
前橋ゆきどけ週間
maebashi
yukidoke
week
3.1~3.7

図Ⅱ—5　前橋ゆきどけ週間のバナー

を雪かきすることもキャンペーン参加に含め、活動の様子をSNS上に投稿する。狙いは、市民が主体的に課題解決に臨む雰囲気の醸成。facebook（FB）に投稿したキャンペーンバナーは1日で3万3000件のアクセスを記録し、ゆきセンFBには市民が各地で雪かきする様子が多数投稿された。

②前橋ゆきどけ週間（図Ⅱ—5）

ある程度雪かきが落ち着いたころに、雪が原因の困りごとは本当に解消されたのか、雪による生活変化で新たに生まれた困りごとはないか、以前からの生活課題で見落としているものはないかを確認するために、3月1日（土）〜7日（金）に支援依頼者への再訪問キャンペーンとして実施。308人の全依頼者を再訪問して発掘した困りごと（総件数453件）と対応は、以下のとおり。

- 都市ガスの復旧の仕方が分からず、大雪以降2週間以上お湯が出なかったので、マイコンメーターの復帰操作をした。
- 認知症の夫がサービス利用を拒否して困っているという相談を受け、ケアマネージャーにつないだ。
- カーポートと自動車がつぶれて使えなくなり、買い物に行けないと言われ、買い物支援を行うNPOや生協などを紹介。
- 庭先に雪が残っている不安から精神疾患が悪化した依頼者を専

図Ⅱ—6　大雪、おつかれさまでした。のバナー

門機関につないだ。

そのほか、福祉専門職などの継続的な関わりを必要とする依頼者が複数おり、関係機関と連携して支えていくことを確認した。

③大雪、おつかれさまでした。(図Ⅱ—6)

ゆきセン最終日の3月7日に「大雪、おつかれさまでした。」と題し、全国からお借りした資機材を洗浄・仕分けし、返却準備を整える「全国お返し大作戦」を行うとともに、ゆきセンの活動をボランティアと一緒に振り返り日常の活動へとつなげるための「閉所式」を実施。ゆきセンの活動を通じて日常的な生活課題をかかえる人たちの存在を目の当たりにし、閉所後も通常のボランティアセンターで活動しようという登録者が10人以上いた。

教訓を活かして

この大雪を通じて私たちが得た教訓を、最後に紹介します。

第一に、雪(災害)の対応への平時からの準備です。振り返ると、資機材、資金、安全に対する知識、雪かきのノウハウなど、平時に準備しておくべきだったことがたくさんありました。平時のうちに資機材をそろえるために共同募金や社協の自主財源を確保し、片品村社協主催の「上州雪かき道場」に前橋市社協職員や市民が参加して、安全に対する知識を得ておくことが有効だと思います。

第二に、雪(災害)で困る人はふだんから困っている人です。ゆきセンにSOSした人には、日常的な孤立や、買い物・移動の困難、生活困窮、疾患や障がいに関する支援の不足などの問題をかかえている人たちが含まれていました。こうした人たちを支えていくには、公的支援に加えて、地域住民によるサロンや見守りなど日常的な地域福祉活動を活かしていく必要があります。70センチを超える大雪は大きな社会的インパクトがあり、多くの人たちがボランティアに参加しました。ただし、20センチ程度の積雪だとしても、それだけで生活の質が低下する方は相当数いるでしょう。市外や県外から応援を得ずとも、日頃の関わりの延長で、日常と非日常を境目なく活動する人たちを増やしていくことが大切です。

第三に、県域でのネットワークづくりです。群馬県全域を見渡すと、豪雪地帯では地域除雪の担い手が不足している地域もあれば、非豪雪地帯では突発的な大雪への対応が不安な地域もあります。それぞれの地域性や強みと弱みを掛け合わせていくことで、双方の問題を解決できる方法があるはずです。地域除雪の問題をきっかけに、生活全体の課題を見ていくことの大切さに気づき、前橋市社協として共有できました。各市町村で地元の助け合いの仕組みづくりを進めることを基本としたうえで、イザというときには「県域でのお互いさまネットワーク」で助け合える仕組みづくりを進めたいと思います。

〈髙山弘毅〉

【読み解くポイント】

❖ふだん雪が降らない地域での豪雪(たまさか豪雪)への対応の実際

❖SNSを活かした住民参加型除雪キャンペーンの展開

3 流雪溝で地域のリノベーション●北海道苫前町

高齢化する町、運用されない流雪溝

「長老が強く、若者の顔が見えない。そんな町の現状をなんとか打破したい」

「苫前《とままえ》町まちづくり企画」は、そうした筆者の想いから2015年に任意団体として立ち上げました。当初集まった仲間は、20代と30代の農家や漁師など計8名。彼らはこれまで自分の仕事が精一杯で、この町の将来を見渡す視点までは持っていませんでした。しかし、いずれは彼らが地域づくりの核にならなくてはなりません。そんな彼らが、自分たちの未来の役割を自覚し、まちづくりの実践研修の場とするべく立ち上げたのです。

何から手をつけようかと、町で起きているさまざまな課題を見渡し、最初に注目したのが流雪溝でした（第Ⅲ部⑲参照）。目抜き通りでは、整備された流雪溝（1997年に運用開始）を約140世帯が利用しています。ところが、利用者の高齢化率は60％に達し、空き家・空き店舗も目立ち、共同利用が難しくなっていました。一部区間では投雪されず、残された雪の山が歩道をふさいでいます。歩行者は車道を歩かざるを得ず、ドライバーにとっても見通しが悪くなって危険です。かつて流雪溝の整備によってもたらされた冬の暮らしの快適さや道路の安全が、損なわれていました。

運用上の制約もあります。古丹別《こたんべつ》流雪溝は、河川水を流していますが、取水量の制限によって利用時間が一日30～45分ととても短いのです。その限られた時間で、分厚く固まった氷を砕いて重い蓋を開け、大

量の雪を投雪する。まるでタイムレースのような状況です。そうした作業の大変さも使い勝手を悪くし、利用を諦める住民もいました。

流雪溝運用の改善に向けて、ウチの力とソトの力を活かす

苫前まちづくり企画が中心となって、「流雪溝を考える会」(以下「考える会」)が開かれたのは2016年10月です。沿道住民や流雪溝管理運営協議会、苫前町社会福祉協議会(以下「苫前町社協」)といった町民や町内組織だけではなく、町道・道道・国道の道路管理者にも参加を呼びかけました。とはいえ、最初からすべての関係者が集まったわけではありません。

皆さんの理解が得られるようにと、手始めに取り組んだのは、目抜き通りに面した140世帯に対する流雪溝に関する意識調査です。調査の結果、利用者の52%が「流雪溝があることで快適な冬を暮らしている」と回答し、58%が「流雪溝は必要な施設である」と答えました。また、57%が「投雪時間を長くしてほしい」と考え、3分の1は投雪できる時間帯の見直しを希望していました。

こうした住民の要望を取りまとめて行政と折衝する役割を担うべきなのは本来、住民で組織された流雪溝管理運営協議会(以下「協議会」)のはずです。ところが、「流雪溝の運用に対して目立った要望はない」と苫前町建設課は認識していて、協議会は2年あまり開催されていません。そこで、まちづくり企画のメンバーは意識調査の結果を持って各所を回り、「ぜひ、次回の考える会に参加してほしい」と呼びかけを続けました。その結果、2回目にはすべての道路管理者と苫前町社協が参加し、雪かきボランティアツアーが議題の中心だった4回目には地域振興関連部署や道路事務所も参加。着実に参加者・団体が増えていったのです。協議会会長も、次のような前向きな言葉を投げかけてくれるようになりました。

表Ⅱ―5　雪はねボランティアツアーのスケジュール

時　間	プログラム(1日目)
8時45分	北海道中央バス札幌ターミナル集合
9時～12時半	バス移動：北海道中央バス札幌ターミナル～古丹別緑ヶ丘公園
12時半～	昼食　苫前の味「西海岸シチュー」
13時～13時45分	公園散策(ゲレンデでそりすべりなど)
14時～14時半	流雪溝投雪作業についてのオリエンテーション
14時45分～16時半	身支度、雪集め作業(古丹別市街地) 各作業班に分かれ、翌日の投雪作業前の雪集め作業(105分)
16時半～18時15分	とままえ温泉ふわっとにチェックイン。温泉、休憩など(60分程度)
18時半～	夕食交流会　地元の人たちと交流(120分)
20時45分	就寝
時　間	プログラム(2日目)
8時40分～10時50分	各作業班に分かれ、投雪作業(途中休憩20分程度)
11時～11時半	ワークショップ(投雪作業やツアーに関する意見交換会)
12時～	昼食(90分)　北るもい漁業協同組合青年部による鮭のチャンチャン焼きと海鮮炉端
14時～15時	小平町ゆったりかん　入浴
15時～18時	バス移動：小平町ゆったりかん～北海道中央バス札幌ターミナル
18時	解散

「当初はみくびっていたけど、若手のエネルギーに感心した。協議会としても改善に向け協力したい。将来に向けルールの見直しも必要だ」

この一連の考える会の活動を契機として、2017年11月に2年ぶりの協議会が開催されたのです。意識調査の結果を説明する機会も与えられ、考える会の取り組みの成果が知られるようになり、投雪時間の見直しや流水経路の再設定の検討も始まりました。

さらに、流雪溝に関わる課題解決に取り組むことで、苫前町の山側と海側の若者たちの力＝《ウチの力》が集結し、彼らの意識も明らかに変わりました。一方で、現状を変えたくない、というもうひとつの内なる力が色濃く残っていることも事実です。《ウチの力》をさらに高めるためにも、《ソトの力》を導入しなくてはなりません。そのための取り組みとして、町外から投雪ボランティアを呼び込むことにしました(表Ⅱ―5)。参加者と地域住民とが触れ合える交流プログラムを通して苫前町の魅力を伝え、再び足を運んでもらおうという狙いです。

ボランティアを受け入れる側となった流雪溝のない苫前地区の若手からは、将来を見据える心強い発言もありました。

「町外からのボランティアを受け入れるなかで、漁協もおもてなしをする役割を持って関わることができた。過疎化・高齢化といった課題や地域の活性化に向けて、若い世代が考える機会を与えてくれた」

こうして、もともと2つに分かれていた海側と山側の若手が、互いの状況に理解を深めながら将来を一緒に考えるようになったのです。観光資源に乏しく、第一次産業が基幹産業であるこの町に、外から人が来て緩やかなネットワークを構築することは、今後の町の存続の切り札になり得るのではないか。そんなふうに思えるようにもなってきました。

流雪溝の見直しで、地域を見直す

《ソトの力》を受け入れて流雪溝への投入作業を行うとなると、民家の除雪作業とは違った安全管理が必要です。公道上での作業となるため、交通事故防止はもちろん、流雪溝への転落防止(人・モノ)や、蓋の開閉時の手足の挟み込みなど、少し考えただけでもいくつか思いつきます。2018年の受け入れでは安全強化に向けた事前準備として、道路管理者と連携して作成した投雪マニュアルを使ってリーダー研修を行い、地域内の若手が活躍できる役割を用意しました。

作業当日には、作業に集中するあまり車両と衝突するような事故は絶対に避けなくてはなりません。そのため、道路管理者の協力を得ながら交通誘導員を置きました(写真Ⅱ―15)。誘導員のおかげで、研修を受けた地域リーダーは投雪口付近の安全管理や進行管理に注力でき、投雪作業の安全も管理しやすくなりました。また、投雪作業の効率化も必要です。十数センチにもなった厚い氷で覆われた投雪口を確保するため、２０１８年には苫前町の建設課担当者が投雪口を探し出す金属探知機を手配してくれました（写真Ⅱ—16）。道具をそろえ、ベテランに協力を依頼し、課題を一つひとつ解決していったのです。

流雪溝は、「公」と「民」の密接な協働なくしては機能しない独特なインフラです（第Ⅲ部⑲参照）。それゆえ、流雪溝の機能の見直しは地域コミュニティのあり方の見直しでもあり、町の将来像の一部を描く

写真Ⅱ—15　交通量の多い目抜き通りでは、交通誘導員と地域リーダーが安全に目を光らせる

写真Ⅱ—16　苫前町役場が用意した金属探知機で投雪口を探し出す

ことでもあります。具体的には、空き店舗や空き家、投雪困難世帯といった投雪が停滞している箇所を、どのように地域でサポートしていくかの体制づくりです。この体制づくりは、コミュニティ内の弱点を地域で補強していく点において、多雪地域における雪処理の担い手の確保とほぼ同じ手続きです。

ただし、「公」の範囲の雪処理施設でもある流雪溝では、流雪溝管理者や道路管理者などとのより密接な連携も必要となる点が大きく違います。今の地域住民のライフスタイルに合うように投雪ルールを見直していくとなれば、なおさらです。流雪溝をとりまく官民さまざまな人びととの関係づくりを再構築するなかで、雪かきボランティアツアーのような《ソトの力》を上手に活用して、《ウチの力》を底上げしていくことも有効な手段でしょう。地域にとって身近なインフラである流雪溝を、地域コミュニティの見直しと、まちの将来像を描く切り口にするのはいかがでしょうか？

〈西　大志〉

【読み解くポイント】

❖インフラの老朽化と地域の高齢化の象徴としての流雪溝

❖ヨソ者を活かして地域の世代間のつながりを再構築

第5章 共創　違いを掛け合わせ新しい価値を創る

新潟県中越地方
（越後雪かき道場）

◆基本データ（2015 年国勢調査）
人口：756,519 人　面積：4,883.44㎢
◇越後国（現在の新潟県）のうち、京に近い地方は上越後、遠い地方は下越後と呼ばれ、後に中間が中越後と呼ばれて「中越」が定着した。長岡市をはじめ 10 市 3 町 1 村が含まれる。2004 年 10 月 23 日に発生した新潟県中越地震はマグニチュード 6.8、最大震度 7 を観測し、死者 68 名、負傷者 4805 名、全壊した住家 3175 棟、半壊した住家 13810 棟にのぼった。中山間地域では地滑りやがけ崩れなどの土砂災害が広域に発生し、住宅や棚田、養鯉池が被害を受けた。

北海道
（北海道 CSR 研究会）

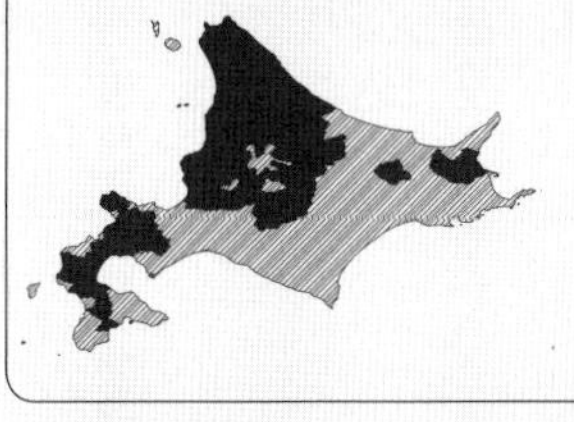

◆基本データ（2015 年国勢調査）
人口：5,381,733 人　面積：83,423.84㎢
◇北海道には、全国 1741 市区町村の 1 割以上にもなる 179 市町村があり、北海道本島は九州と四国を合わせた面積を上回る。太平洋、日本海、オホーツク海に囲まれ、縦断する大雪山系や日高山脈などにより気候の差が生まれる。たとえば、1 ～ 3 月の累計降雪量（平年値）は、日本海側が最も多く（456 センチ（札幌））、太平洋側は比較的少ない（121 センチ（釧路））。オホーツク海側は中程度に多く（252 センチ（網走））、気温は最も低い。

北海道開発技術センター

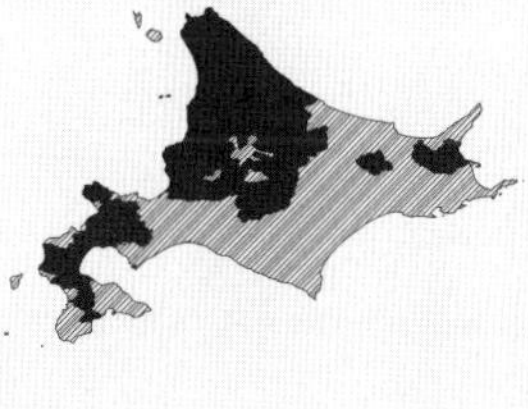

◇通称 dec（デック）。行政職員や建設会社社員などの北海道内各界の有志が発起人となり 1982 年に設立され、現在は一般社団法人。建設技術や都市・地域計画などの領域の調査研究事業を行う。北海道という寒冷積雪地域で育まれた「寒地技術」を道路マネジメントや緑化計画などに活かす事業を行っている。雪に直接関わる事業として、冬期道路交通・冬期歩行空間の計画・維持・管理などに加えて、除雪ボランティアなどソフトの調査・実践活動にも取り組む。毎年行われる「寒地技術シンポジウム」では、雪氷物理、積雪寒冷地構造物から、北国の文化、観光、地域振興など幅広いテーマをとおして、寒地技術の普及にも努めている。

（注）灰色が豪雪地帯、黒が特別豪雪地帯。

❶ ヤクタタズ×豪雪集落——反転の方程式 ●越後雪かき道場

平成18年豪雪

２００５年12月。思いがけず早く降り始めた雪は止むことなく降り続き、１週間に１メートルずつ深さを増していきました。新潟県と長野県の県境・新潟県津南町《つなん》では、12月末には自然の積雪が４メートルに。朝日新聞による全国報道をきっかけに、津南町と長野県栄《さかえ》村にまたがる秋山郷の窮状が、全国ニュースとして毎日のように報道されていきます。

20年ぶりの豪雪。除雪の人手が足りないと、各地から悲鳴があがりました。ふだんの冬であれば、冬仕事として高齢者世帯の除雪需要も捌いていた建設業者は道路除雪に忙殺され、行政職員も災害対応業務に追われていました。自助・互助が原則とはいえ、久しぶりの豪雪で思い知らされたのは、暖冬少雪の20年間に気づかないふりをし続けてきた過疎化・高齢化の現実。地域内の人的資源が圧倒的に不足していたのです。

本来なら、自助・互助・公助がバランス良く積層されていなくてはなりません。ところが、現実は高齢化で要援護者が増加し、過疎化で家族・親族、コミュニティによって支える体制が維持できなくなっていました（図Ⅱ—７）。ぽっかり空いた隙間を埋めるために、行政が除雪費補助などの施策によって要援護者の支援をしていましたし、社会福祉協議会やＮＰＯなどによる集落単位や町内単位の共助の仕組みも各地で生まれつつありました（第Ⅰ部第３章参照）。しかし、これらの支援の手は、大雪の隙間をもれなく埋め

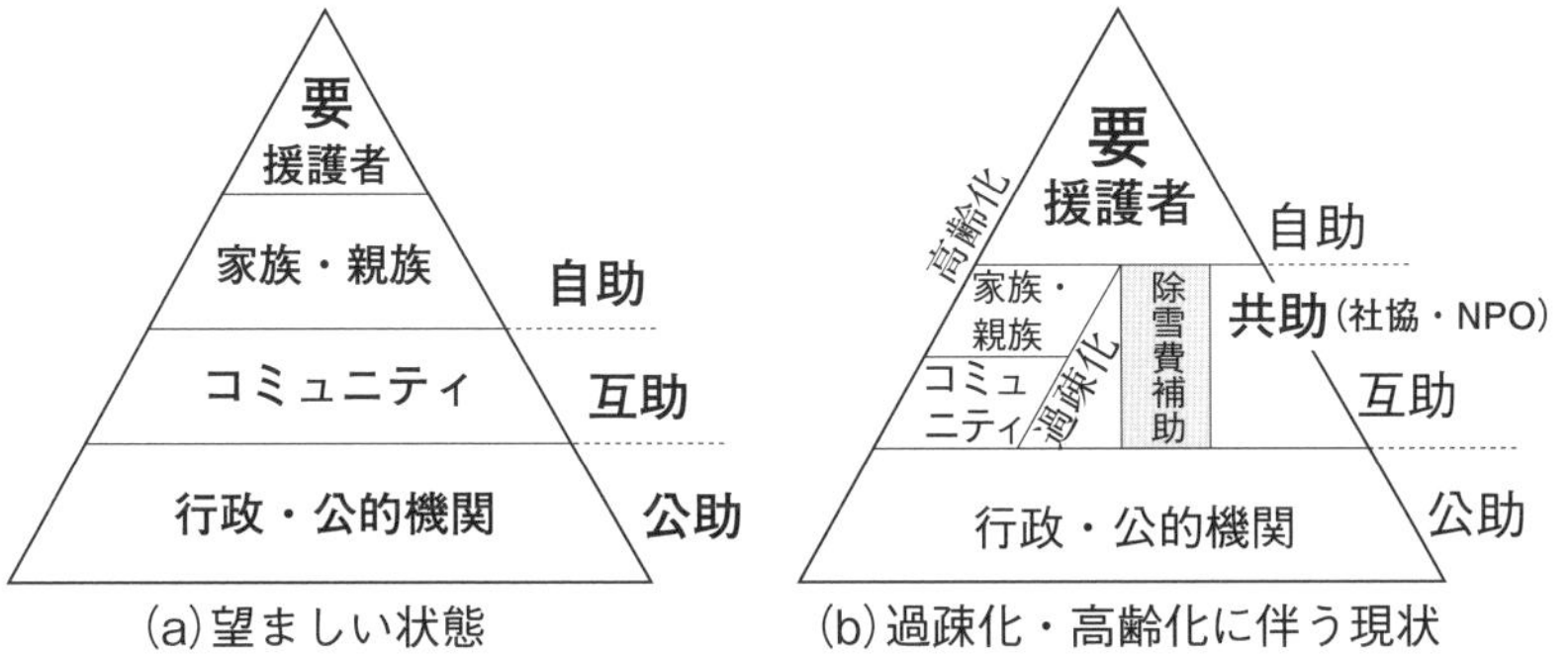

（出典）筆者作成。

図Ⅱ―7　要援護者の除雪支援体制

るほどではありません。やはり「雪処理の担い手確保」は深刻な問題でした。

一方で、２００４年の中越地震や平成18年豪雪の経験から、「ボランティアをしたい」というシーズは相当あるだろうなという実感はありました。それは、新潟県の除雪ボランティア登録制度「スコップ」の登録人数の２００５年度以降の急増からも読み取れたことです。ただし、いざ受け入れとなると、ボランティア団体からは、「除雪は危ないのでは」「経験がないので」という声が聞かれ、二の足を踏んでいる様子もうかがえました。地域に対して「こうなったらボランティアを受け入れてみたら」と問いかけてみても、「未経験者にできるはずがない。危ないことをされても困る」「お茶出し、まかない、宿はどうするんだ」「冬の貴重な雇用が奪われる」など、たくさんの懸念や否定的意見が噴出したからです。

雪かき道場の誕生

悩んでいてもしょうがない。熱い想いをもって駆けつけてくれる若いボランティアの善意を無駄にしたくはないし、地域の実情を見ても、もはや待ったなし。「未経験ボランティアのための除雪研修」というミッションを掲げて、２００７年1月から「越後雪かき道場」は始まりました。開始に先立ってつくった趣意書には、現状認識と問題意識、そして取り組むべきミッションを書き込みました（全文はHP参照。http://dojo.snow-rescue.net.）。ミッションには次の重要な3つのポイントが書かれています。

①「雪に慣れ、雪のある暮らしに親しみ、雪国の人々と想いを重ねる場をつくった」

除雪の担い手確保というニュアンスは、まったくありません。体験の提供と共感の場づくりを謳いました。

②「幾千年もの刻をこの地で生き抜いてきたその遺伝子に刻み込まれた『雪かき道』という伝統文化を広く後世に伝えたい」

中越地震から平成18年豪雪に至る一連の災害経験のなかで、この地で生き抜いてきた人びとのたくましさ、力強さを強く実感。「可哀想な人を助ける」ではなく、むしろ「この人たちから大事なものを学んで受け継ぐ」という意識を強くもっていました。

③「雪かき道一筋で精進してきた『師範』が、伝統の暗黙知を記述した『指南書』を手に本物の雪かき道を伝授する」

道場という名前をつけたことに対応して、ボランティアによる支援プログラムではなく、ボランティアに学びを提供する研修プログラムであることを明確にしました。この時点で、暗黙知を形式知化した「指南書」の編纂も重要なミッションとして定義づけていました。

雪かき道場の主たるターゲットは、非豪雪地帯から来る初心者です。当時一般的だった「経験者に限る」というボランティア受入要件を取り払い、誰でも受け入れることにしました。ただし、「災害が起きてから復旧・復興の支援をする災害ボランティア」ではなく、「豪雪災害が起きる前に練習に来る除雪ボ

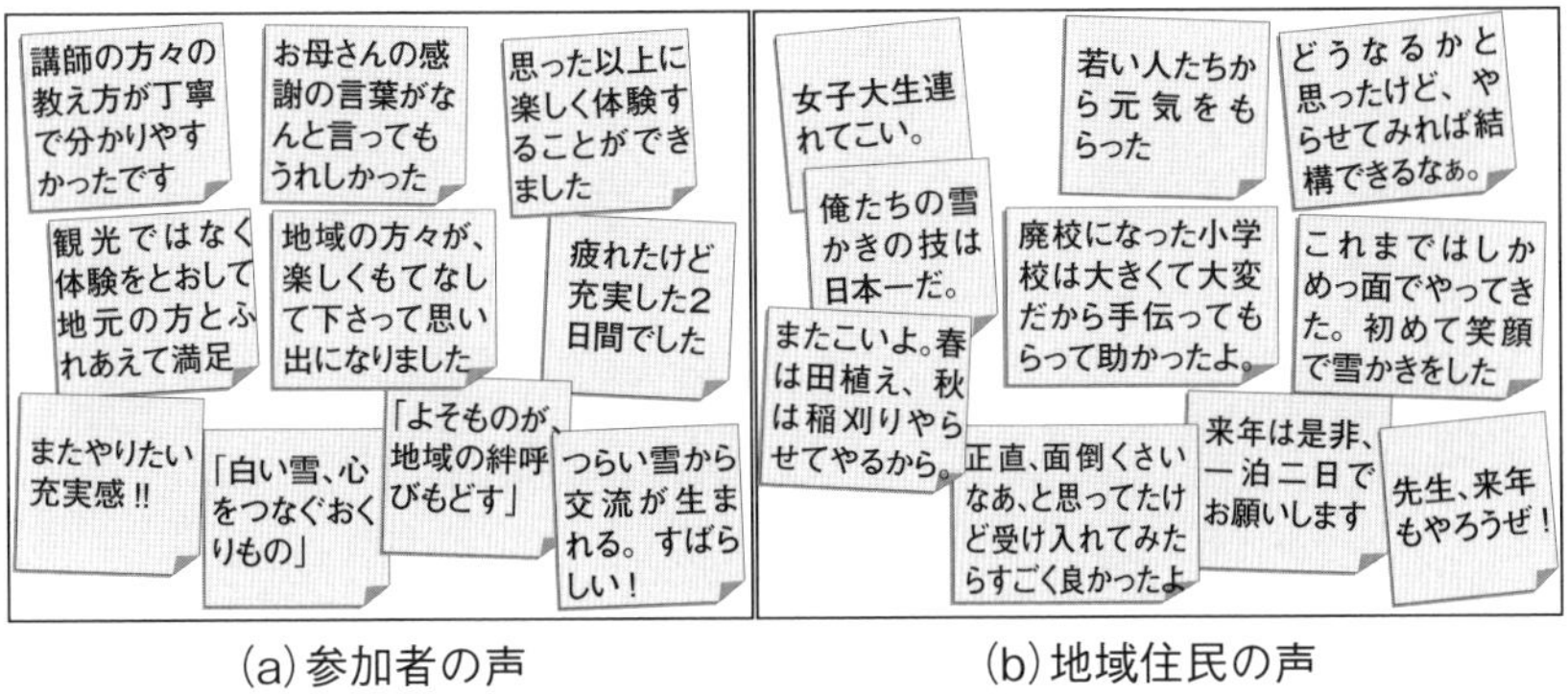

（出典）筆者作成。

図Ⅱ—8　雪かき道場の参加者と受け入れ地域の住民の声

ランティア」という設定では、「困っている人を助けたい」というボランティアの駆動力（想いの力）が働きません。

しかも、危険な作業という印象が定着してしまっている現状で、まずもって雪かき道場の参加者が集まるかどうか。それが一番の心配事でした。さらには、未経験ボランティアを豪雪でもないときに受け入れるのは、地域住民から見れば面倒なイベントでしかありません。「ヤクタタズを連れてきてどうするんだ」という声が多かったのは、無理もないことでした。

蓋を開けてみれば……

結果はどうだったか。「雪かき道場」開催後の参加者と地域住民へのアンケートやメディアへのインタビューに答えた内容など、代表的な声を拾って並べたのが図Ⅱ—8です。参加者のコメントから分かるように、思いがけず参加者が雪かき体験そのものを楽しんでいる様子がよく伝わってきます。地域住民との交流に喜びを感じている様子も、よく分かります。

雪かき道場では、技能講習もしますが、それ以上に安全講習を重視してきました。雪の知識・経験のない参加者に危険が及ばないよう、座学と実技で分かりやすく丁寧に解説します。だから、「危ないのでは」という懸念は杞憂に終わります。そして、「やったことない」からこその新鮮な体験となるのです。突発的な災害と違い、慢性的な日常災害である大雪の問題は、雪が少ない年でもそれなりに住民の日常生活の負担になっているので、ほとんどの場合「困っている人を助ける」という充実感も味わうこともできます。

地域住民の声を聞くと、「やらせてみれば案外できる」「上手下手より頭数だな」など、予想外に戦力になるという実感を持ったり、「若い人から元気をもらった」など、家に閉じこもりがちになる冬に、活気が生まれたことを喜んでいました。「除雪ド素人のヤクタタズ」が、除雪の担い手という直接的効果でなく、地域を賑やかにするという間接的効果で役に立つことを実証したのです。というよりも、地域の本質的課題は、人手不足ではなく、衰退する一方の実情への「諦め感」だったのではないでしょうか。

ある高齢の女性はこれまで、「雪が降らなくなればいいのに」と天に向かって恨み言を言っていました。その彼女は、ボランティア受け入れの経験を経て、「次また大雪にならないとボランティアさんは来てくれないの？」と、次の大雪を心待ちにするようになったそうです。

「雪我慢」から「雪自慢」へ

２００７年に「除雪救援」と「除雪安全」の２つのミッションを掲げて誕生した「雪かき道場」は、12冬季にわたって続き、30カ所以上で延べ60回以上開催。初級１２４６名、中級２２６名、上級１０９名の修了者を輩出しました。さらには、十日町市池谷《いけたに》地区、群馬県片品村社会福祉協議会に暖簾分けもすませ、山形県尾花沢市、長野県飯山市では雪かき道場から派生した兄弟プログラムも毎年開催されています。

写真Ⅱ―17　十日町市枯木又の廃校の屋根上にて

プログラムの骨格は当初から大きく変わってはいませんが、少し趣向を変えて地域間交流や防災グリーン・ツーリズムとしての開催もありました。２０１０年以降は、除雪安全について力を入れていきます。人身雪害の3分の2を占める高所からの転落事故の防止技術の開発にも、取り組んできました。一方で、これらの雪害事故のリスク分析も並行して進め（第Ⅲ部21参照）、その知見を指南書のアップデートに反映させました。２０１３年以降は、さらに踏み込んで、これまでタブーであった「ボランティアを屋根に上げる」という課題にも挑戦（写真Ⅱ―17）。実現のための条件を整理し、講習会プログラムの作成も精力的に進めて、２０１４年冬季以降、新潟県とタイアップしたスコップ参加者への講習会の開催や、山形県から委託を受けた雪下ろし安全講習会なども実施してきました。

講習会などのソフト面だけでなく、ハード面や技術としての安全対策も不可欠です。そこで、企業などと連携を進め（第Ⅲ部㉒参照）、安全帯を製造・販売する株式会社基陽の協力を得て、雪下ろし作業に特化した安全帯を開発し、現在コメリホームセンターで販売しています。屋根に命綱を結びつける金具（アンカーと呼ぶ）は、魚沼市建築組合と共同で開発し、意外と多いハシゴ事故の防止のために長谷川工業株式会社と安全なハシゴの開発も進めて、２０１７年冬から販売が始まりました（第Ⅲ部㉔参照）。さらに、重労働の雪かきを積極的にスポーツとして楽しんでもらえるようにと、博報堂愛アイ・スタジオとともにセンサーや通信・制御機器を組み込み、除雪量をリアルタイムでスマートフォンに表示できるスマート・スコップ（Dig-log）の開発にも取り組んできました。

辛く、苦しく、危険を伴う除雪作業です。それでも、雪かき道場のような「ヨソ者を巻き込む地域づくり」を続けてきた結果、「みんなでやれば楽しい」ことを実感できました。安全性を高める技術や製品の開発によって、安全の水準も高まってきたと考えています。雪模様の空に向かって恨み言を言い、雪国の暮らしを否定し続けるかぎり、雪国に発展はありません。雪国に住む住民自らが誇りを持って、「雪我慢」から「雪自慢」に変わっていくことを期待しながら、これからも活動を続けていこうと思います。

〈上村靖司・木村浩和〉

【読み解くポイント】

❖世界初の未経験ボランティアのための除雪研修の誕生過程

❖「みんなでやれば楽しい」雪かきを実感させる仕掛け

２ 企業戦士＋雪かきボランティア
――協働ＣＳＲの方程式　●北海道ＣＳＲ研究会

写真Ⅱ―18　初めての企業連携による雪かきボランティア

企業連携雪かきボランティアチームの結成

２０１２年に南空知《みなみそらち》地域を襲った豪雪（平成24年豪雪）。当時、北海道コカ・コーラボトリング株式会社の広報・ＣＳＲ推進担当だった筆者は、前年の東日本大震災の惨状を見て、自然災害に対する企業の貢献のあり方を模索していました。北海道といえば、雪害も立派な自然災害です。早速、岩見沢営業所に状況把握とボランティア受け入れの調整を指示。一人暮らし老人や老人のみ世帯の多い三笠市郊外を対象に決め、三笠市社会福祉協議会に受け入れ主体となっていただきました。

「札幌が北海道の中心にあるのも、他の１７８市町村あってのこと。札幌市内の企業は連携して北海道の役に立つ活動をすべきだ」というのが、筆者のかねてからのモットーです。今こそ実践のとき。札幌市内の仲間企業に参加を呼びかけた結果、６社から35名のボランティアが三笠市弥生地区に集結しました（写真Ⅱ―18）。排雪トラックや除雪道具は岩見沢営業所職員が手配。参加者への食事提供の炊き出し班を加えると、大所帯の企業連携雪かきボランティア部隊となったのです。

行政の壁を打ち破る

この日を迎えるまでには、苦い経験もありました。2003年に経営企画室にいた筆者は、小樽市役所の職員が総出で市内の除雪奉仕活動をしている様子を目の当たりにします。道内の飲料企業としてできる社会貢献は何か。翌年、奉仕活動に参加する職員にスポーツ飲料を提供したいと市に提案したところ、「特定企業との特定の関係は行政として避けたい」と当時の行政としては当然の回答。純粋な善意の申し出にもかかわらず、門前払いとなったのです。2005年には、小樽市役所の活動をヒントに、弊社による地域支援活動を札幌市のある区に提案しました。ところが区役所担当者は「弱者世帯情報が行政から流出することになるので」と慎重な対応で、ここでも見えない壁が現われます。そこで筆者は、さまざまな企業が自治体との連携がしやすくなる風土づくりの先便を切ることをモチベーションに弊社と札幌市やその他の道内中核都市との官民連携協定の締結を急ぐこととします。

札幌市担当部局に対し数カ月間かけて説明するも、「行政が特定の企業と特定の関係をつくるのは、他の企業や団体に対して平等性・公平性に欠ける」と言われ、再び壁に阻まれました。また、札幌市の担当者は「地域行政の主体は区に任せてある」と言い、区役所の担当者は「市の基本方針が確認できないので、区での判断は難しい」との回答。それでも弊社の担当者は双方と粘り強く対話を続け、2009年1月、ついに市と区の合同官民連携協定（まちづくりパートナー協定）の締結に至りました。小樽市での啓示から6年。ようやく札幌市との官民連携が前進したのです。その間、小樽市も含めた道内市町村でも官民連携が実現しました。

さらに、並行して進められていた、北海道開発局との包括連携協定や道内179全市町村との防災協定の締結も行われ、コカ・コーラ社近隣の札幌国際大学との雪かきボランティアの協働、災害時に飲料を無料提供できる自動販売機の設置、東日本大震災における仙台市への支援物資搬送といったさまざまな局面で、社会貢献活動を展開。徐々に、企業同士の連携も他の各企業から期待され始めます。

２０１０年には「北海道の成長を応援することが自社や産業の成長につながる」という企業の社会的責任（ＣＳＲ）の概念を基軸に、「異業種広域型連携」の議論が複数企業間でスタート。翌年6月に、道内の有志12団体によって「北海道ＣＳＲ研究会」を設立しました。企業、ＮＰＯ、大学、行政など多様な組織が各団体のＣＳＲ活動を互いに推進する、ゆるやかな連合体です。官民協働の蓄積と民民協働の模索が重なった２０１２年冬、三笠市で企業連携雪かきボランティア活動が始まったのは自然な成り行きでした。

企業連携雪かきボランティアの一日

企業連携といっても、一般的な雪かきボランティア活動と違いはありません。唯一のそして決定的な違いは、所属企業の看板を背負っていることです。それは、会社を背負って参加するという意味ではありません。文字どおり、背中に企業ロゴの入ったビブス（チームを区別するために運動着の上に着るベスト）を着ていることです。多くの目に晒されますから、否応なしに企業の一員であることを自覚します。

２０１６年2月6日を例に一日の動きを紹介しましょう。朝8時、参加者は札幌市大通公園近くのバスターミナルに集合。8社30名程度の参加者は1台のバスに乗り込み、一路三笠市を目指します。移動の1時間半の行程で、まず自己紹介。「株式会社○○の××です」。一般公募の雪かきボランティアは、「中央区から来ました××です」や「2回目の参加の××です」と話すので、雰囲気が違います。ツアーの幹事がまもなく現地に到着することを告げると、ボランティアたちはカバンから何かを取り出して装着。でかでかと企業名が印刷された、ビブスやユニフォームです。新調した企業もあれば、同僚や先輩から受け継ぐ企業もあります。「看板を背負う」企業戦士の気持ちが一気に高揚する様子が伝わってきました。

現地で他の同僚と合流し、約40名に膨れ上がった企業戦士たちは、それぞれに企業ロゴを背負って要支援世帯の雪かきを開始。企業を分散して構成した作業班は色とりどりのビブスが集まり、カラフルです。共同で雪かきをやっていると、ふだん接点のなかった異業種の社員たちとの交流が自然と始まります。

半日ほどの雪かきを終え、午後は温泉へ入浴。ビブスをはずし、文字どおり裸の付き合いです。帰りのバスでは、「A班の××です。今日の活動は……」と、それぞれが一日を振り返って感想を述べます。長いようで短く感じた、充実感のある雪かきボランティア活動が無事に終わり、みんな満足気な表情です。ビブスという会社の看板を背負った企業戦士たちは、雪かき作業をとおして一人の人間としてお互いを理解し合い、最後には個対個のゆるやかなネットワークが築かれていきます。

「下心のCSR」

三笠市で産声を上げた企業連携雪かきボランティアは恒例行事となり、2015年までの4冬期にわたって実施されました。現在は地域からの要請に応じて有志が駆け付けるオンデマンド型へと変わりましたが、近年は少雪が続き、出動回数はゼロです。少雪は望ましいものの、せっかく盛り上がってきたボランティア活動ができないのは少々寂しい気もします。さりとて、企業連携によるボランティア活動が停滞したわけではありません。春から夏の毎週土曜日に大通公園で清掃活動を行うなど、一年を通した社会貢献活動へと育ちました。参加する企業も社員もどんどん増え、その輪はますます広がっています。

直接利益にはつながらないこのような活動に企業が積極的に関わり、継続できているのは、なぜでしょうか。CSR研究会のメンバーは口をそろえて、地域の役に立つことをとおして消費者から「選ばれる」

ためと答えます。競争社会で生き残るには安さや品質といった「商品の価値」だけではなく、製造・販売する「企業のイメージ」も大切な要素です。商品やサービスの評判だけでなく、社員一人ひとりの一挙手一投足も、企業の評判の源泉になります。そのことを社員に自覚してもらわなければなりません。小さな評判の蓄積が地域社会の企業への信頼となり、遠回しに自社の利益につながるのです。筆者はこれを、あえて「下心のＣＳＲ」と表現しています。

企業という組織を動かしていくには理論武装や戦略が必要です。しかし、もっと大事なのは「地域あってこその企業、だからこそ地域を元気にしたい」という純粋な気持ちを一人ひとりの社員と共有することだと思っています。雪かきボランティアに参加したある社員は、こう語りました。

「ボランティアを始めるまでは、仕事で関わりのある人しか知り合いはいませんでした。今は子どもたちやお年寄り、町内会の人たち、そして雪かきボランティアに来る人たち、いろんな人たちとつながりができています。私にとって大きな財産です」

ビブスをはずし、企業の垣根を越え、談笑しながら入浴する様子を思い出すたび、「良いことをすると善い社員が育つ」と確信を深めています。

〈上島信一〉

【読み解くポイント】

❖異なる企業の連携による、協働ＣＳＲとしての雪かきボランティアの実際

❖遠回しに自社の利益につなげるための「下心のＣＳＲ」の積極的評価

3 札幌市民×雪はねツアー＝新結合の方程式

●北海道倶知安町

ボランティア活動による広域交流イノベーション

筆者の所属する一般社団法人北海道開発技術センター（通称dec）は、札幌に拠点を置くシンクタンクです。北海道を中心に積雪寒冷地におけるさまざまな課題の解決を目指し、地域の開発に資する技術や事業に関する政策の提言、計画・調査を実施しています。

高齢化と人口減少によって深刻な問題となっている住宅周りの除雪問題を解決するべく、2012年8月に札幌の企業や大学などとともに「ボランティア活動による広域交流イノベーション推進研究会」（以下「ボラベーション研究会」）を設立しました。そして、住民による自助・共助機能が弱体化した地域に、除雪の担い手を地域外から派遣する仕組み（通称雪はねボランティアツアー）の実践研究を展開しています。ボラベーション研究会の設立趣旨は以下の3点です。

①「レスキュー型ボランティア活動」の実施

労働人口が減少した地域に、都市部の企業や大学などからボランティアを派遣して地域に貢献するとともに、奉仕活動を通して公共心の高い社会人・企業人を育成する。

②「地域づくり型ボランティア活動」への拡大

都市部の大学生や企業人などがボランティア活動を通じて農業体験や住民と交流する機会を設け、過疎地域の持つ魅力や課題への理解を深め、着地型観光の活性化やコミュニティビジネスの展開を図る。

③ボランティアでイノベーション

①②の活動を活発に展開し、地方都市や地域コミュニティにイノベーションを起こすことを目指す。

具体的には、北海道の人口の３分の１が集中する札幌市の市民を道内の多雪地に雪かきボランティアとして送り込み、交流人口・関係人口（第Ⅲ部11参照）を増やし、本来結びつかなかったであろう地域の人びとを「新結合」して、地域づくりにつながる新たな価値を創出するということです。こうした趣旨を掲げてボラベーション研究会を設立してはみたものの、お手本となる事例は少なく、実践しながらの調査研究に取り組んできました。ここでは、その一例として倶知安《くっちゃん》町の雪はねボランティアツアーを紹介します。

倶知安町の雪はねボランティアツアー

２０１２年冬の豪雪の経験を経て、北海道後志《しりべし》総合振興局のある職員が、札幌から参加者を募って倶知安町でスポーツ除雪を展開できないかと思い立ったそうです。すでに除雪ボランティア活動に取り組み始めていたボラベーション研究会が事務局となって、２０１３年に倶知安雪はねボランティアツアーを企画。札幌でボランティア募集したところ、34名が集まりました。

３月10日、ボランティアたちを乗せたバスが2時間あまりをかけて倶知安町に向かいます。町内にある琴和《ことわ》町福祉会館に着くと、20名を超える「ちょぼら除雪隊」が出迎えました。ちょぼら除雪隊というのは、２００６年に琴和町内の有志が結成したボランティア組織。肩肘張らず、ちょっとした善意を集めて助け合おうと、「ちょっとしたボランティア」という想いをこめた名前です。

札幌からのボランティアとちょぼら除雪隊、総勢60名の合同チームを編成し、琴和町内会の高齢者宅約10軒の玄関先や家周りを除雪しました。頭数というのは驚くべきパワーを発揮します。あっという間に除雪を終え、まだ作業し足りないと福祉会館の軒下まですっかり片付けてしまいました。

作業を終えて福祉会館に戻ると、琴和町内会婦人部の方々が手づくりのカレー鍋を準備してくださっていました。参加者全員で心のこもった鍋をいただき、札幌からのボランティアとちょぼら除雪隊員が入り混じって交流を深めていきます。受け入れ側のちょぼら除雪隊は、わざわざ札幌から除雪をするためだけに倶知安に来てくれたことを喜び、札幌からのボランティアたちは心温まるおもてなしに感激しました。

対象世帯、ボランティア、受け入れ地域の三者にとって三方得の取り組みだったことから、翌年もツアーを継続したいという話になります。最大の問題は、札幌から倶知安までボランティアを運ぶ貸切バス代をいかに捻出するかでした。折しも2012年4月に発生した関越道高速ツアーバス事故の影響で、14年度から貸切バス代が一気に値上がりしたからです。

そこで、2013年にはボラベーション研究会と倶知安町の関係者らで協議会を設立し、農林水産省の都市農村共生・対流総合対策交付金事業に応募。採択され、2年間補助を受けることができました。こうして2014年冬も雪はねボランティアツアーは開催され、前年以上の盛り上がりを見せました。この年には、倶知安町の別の町内会(六郷親交会)でも琴和町内会の取り組みを参考に「六郷ちょぼら隊」が結成され、札幌からのボランティア受け入れを開始。雪はねボランティアツアーは、一冬に2回開催されるようになりました。

農業体験を組み込んだ雪かきツアーへ

倶知安雪はねボランティアツアーは当初、午前中に除雪作業をして、昼食を食べ、温泉に入って帰るというシンプルな行程でした。農水省事業の採択を受ける際に、地元のNPO法人WAOニセコ羊蹄再発見

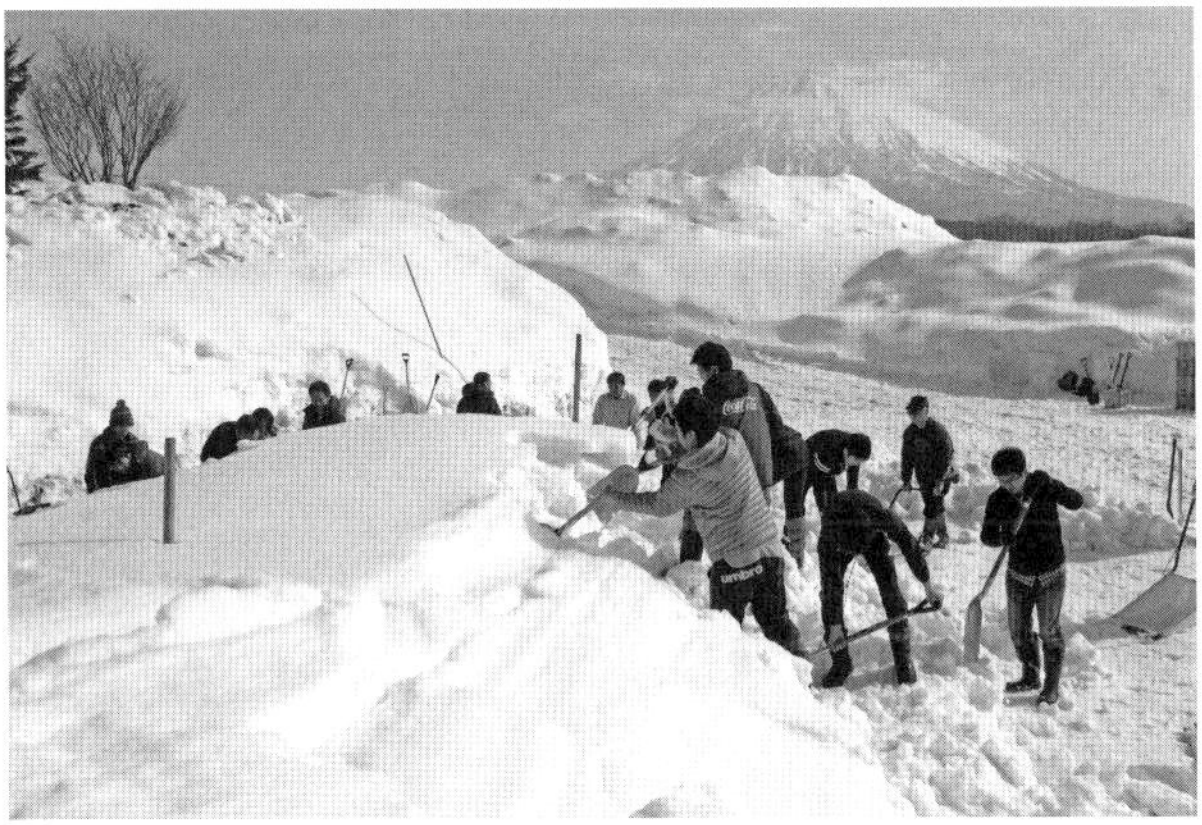

写真Ⅱ―19　雪の下から野菜を掘り出す参加者たち

の会（以下「ＷＡＯ」）と農業法人ニセコファームがメンバーとして加わり、午後のプログラムとして雪に覆われた農場で雪の下に埋められたジャガイモを掘り出すという農業体験が加わりました。ジャガイモを数週間雪の下に埋めておくと、糖度が2倍近くになります。札幌から来たボランティアたちは、雪下野菜を掘るという農業体験も大いに楽しみました（写真Ⅱ―19）。

また、地元の二世古酒造の協力で酒蔵見学もプログラムに加わりました。二世古酒造は、蔵をすっぽり雪で覆って発酵を制御し、とても美味しい日本酒を造ることで知られており、酒蔵見学を楽しみに参加する人もいます。さらに、除雪ボランティアから「雪のない時期の倶知安にも来てみたい」という声が聞かれたため、秋にジャガイモ掘りをメインとする農作業体験ツアーや酒米の刈り取り体験ができる酒米刈り取り＆酒蔵見学ツアーを企画。こうして、年々受け入れ側の仲間の輪が広がり、これらへの参加が年中行事という人も出てきました。「レスキュー型ボランティア活動」から始まった取り組みが、いつしか「地域づくり型ボランティア活動」へと変化していったのです。

地域特産品の開発へ

農水省事業の採択から2年が経過し、雪はねツアーの自立に向けて関係者で努力を続けました。しかし、年間約30万円かかる貸切バス代（ツアー2回分）の確保は、容易ではありません。参加者からは、食費や温泉入浴、芋掘り体験に掛かる実費分として２０００～３０００円を集めていました。でも、それはあくまで実費で、バス代はとうていまかなえていません。また、地震や洪水といった突発的な災害と異なり、雪は毎年必ず降ります。だからこそ、事前に日程を固めてバスツアーという形でボランティアを募集できるのですが、雪が少ないときに参加したボランティアからは、除雪があまりできなくて残念だったという声も聞かれました。

そこで２０１５年の春、さらなる観光プログラム企画や地域特産品による商品開発を行うため、ＷＡＯが中心となり、２つの町内会や関わっている企業、倶知安町役場、後志総合振興局を構成員とする「ニセコ羊蹄山麓体験型ツーリズム推進協議会」を設立。国土交通省の地域づくり支援体制整備事業の採択を受け、「地域づくり型ボランティア活動」から一歩踏み出して、「ボランティアでイノベーション」を起こそうという取り組みを始めていきます。

倶知安町では、ジャガイモのでんぷんでつくった「豪雪うどん」がお土産として有名です。ＷＡＯの小野幸子事務局長を中心に、普通のジャガイモより甘い「雪の下じゃがいも」を使った商品開発を決めました。議論と試作と試食を重ね、２０１６年3月に「雪の下育ちのくっちゃんポテトスープ」が完成。初年度は５０００個を製造して完売しました。翌年3月には、新たに「雪の下にんじん」を使った「雪の下育ちのくっちゃんにんじんスープ」を５０００個製造。「雪の下スープシリーズ」として売り出しました。

どちらも、雪下貯蔵で糖度が高まった特産野菜が原料です。甘味が強く、優しい味のスープとして発売直後から評判となり、訪れた観光客が倶知安みやげとして購入する人気商品となりました。除雪ボランティアがきっかけで、スキーでもスノーボードでもない体験ツアーが生まれ、そこから地域特産品の開発へと展開したのです。

中間支援組織の役割

北海道開発技術センターは、地域づくり活動の中間支援組織です。地域や地域活動が自立・継続できるように、情報提供やアドバイス、コーディネートといったサポートを行っています。倶知安町の雪はねボランティアツアーでは、新しいツアープログラムが生まれて成功を収め、地域の特産品も開発し、仲間の輪が広がりました。

しかし、それを自立させ、継続していくには、まだまだ乗り越えるべきハードルが残されています。当初、雪の下スープの売り上げの一部を貸切バス代に充てようと考えました。ところが、雪の下スープは原価のうち外注製造費が7割程度を占め、１００個売っても利益は５０００円に届かず、貸切バス代の捻出は容易ではありません。さらに、この数年は積雪が少なく、除雪ボランティアの必要性が薄れて、札幌からのツアー参加者の伸び悩みにつながっています。

ボラベーション研究会が立ち上がった２０１２年は、東日本大震災の翌年であり、平成24年豪雪の年です。それゆえ、北海道全体で除雪ボランティアの活動が一斉に始まりました。それから6年。ボラベーション研究会が目指していた〝ボランティア活動を通じて、人口が減少した地域コミュニティにイノベーションを促す仕組みをつくる〟という「ボランティアでイノベーション」は、まだ途上です。

しかし、到達点のイメージはあります。それは、地域の自立・自律です。私たちが中間支援という立場にあって、いずれはいなくなるということは、地域側も理解しています。私たちの役割は、ある地域で培ったノウハウを他の地域に伝えていくことです。したがって、私たちが地域を去るタイミングの見極めが大切であることは、いうまでもありません。

その判断の基準は、除雪ボランティアを我がものにすることができたかどうかだと思っています。倶知安町では、この除雪ボランティアツアーの取り組みを契機に地元の中学生の除雪ボランティアが年々増え続け、ここ数年は30人以上参加するようになりました。札幌からの参加者は減りましたが、地元からの参加者が増えたということは、地域活動の自立の大きな一歩ではないでしょうか。

ボラベーション研究会には、経験が蓄積されてきました。人材が育ち、地域との関係も築けてきました。他地域の先進事例を参考に、その地域にとって意義のある中間支援を行うことで、今後もボランティア活動をきっかけとした地域イノベーションを仕掛けていきたいと考えています。

〈原文宏・中前千佳・小西信義〉

【読み解くポイント】

❖北海道での広域交流ボランティア活動による地域除雪推進の取り組み

❖地域除雪における中間支援組織の役割と大切さと葛藤

第Ⅲ部　地域が育つキーワードを読み解く

雪に関わる事故の大半は屋根やハシゴなど高所からの転落事故。除雪の人手不足も問題だが、命綱や安全対策の普及も深刻な課題だ（提供：木村浩和氏）

1 コミュニティと地域運営組織

「地域主体」の〝地域〟とは何でしょうか。地方自治体を指す場合もありますが、農山村においては「地域コミュニティ」の意味で使われることが多いようです。地域コミュニティは、一定の空間の中に存在するという「地域性」と、そこでの生活から派生する「共同性」の両者を基礎として成立しています。コミュニケーションが取れる距離感で共同している関係といえるかもしれません。

コミュニケーション(communication)もコミュニティ(community)も語源は同じで、ラテン語のコムニスcommunisで、その意味は「共同の、共有の(英語のcommon)」です。そう考えると、コミュニケーションの有無がコミュニティを考える際の基本のひとつといってよいでしょう。

旧来からの地域コミュニティとして挙げられるのは、集落や自治会などの地縁組織です。地縁組織は町または字《あざ》の区域やその他市町村内の一定の区域に住所を有する者の地縁に基づいて形成され、全国で29万8700の自治会などが存在します(2013年4月1日現在、総務省調べ)。その区域の住民相互の連絡、環境の整備、集会施設の維持管理など、良好な地域社会の維持および形成に資する地域的な共同活動を行っていますが、とくに農山村では世帯(イエ)を基本単位として成立した経緯から、〝イエ連合〟と呼ばれることもあります。意思決定は一戸一票制であり、イエの世帯主(通常は男性年長者)が〝一票〟を行使します。したがって、イエに属さない地域外の人間や、世帯主以外の地域住民(たとえば女性や若者)の意思が反映されにくいとされてきました。

ところが、近年の過疎の進展の結果、既存の地域コミュニティで人材が減少し、「むらの空洞化」(第Ⅲ部②参照)が進んでいます。そこで新しい地域コミュニティのあり方が議論され、まちづくり協議会などの地域運営組織という概念が生まれました。地域運営組織は小学校区(おおよそ「昭和の市町村合併」以前の旧村の範囲)を基本的な単位としつつ、自治会などの地縁組織との補完関係で成り立つことを想定しています。そのため、コミュニティビジネスなどに取り組むNPOなどの組織が「事業中心型」であるのに対して、地

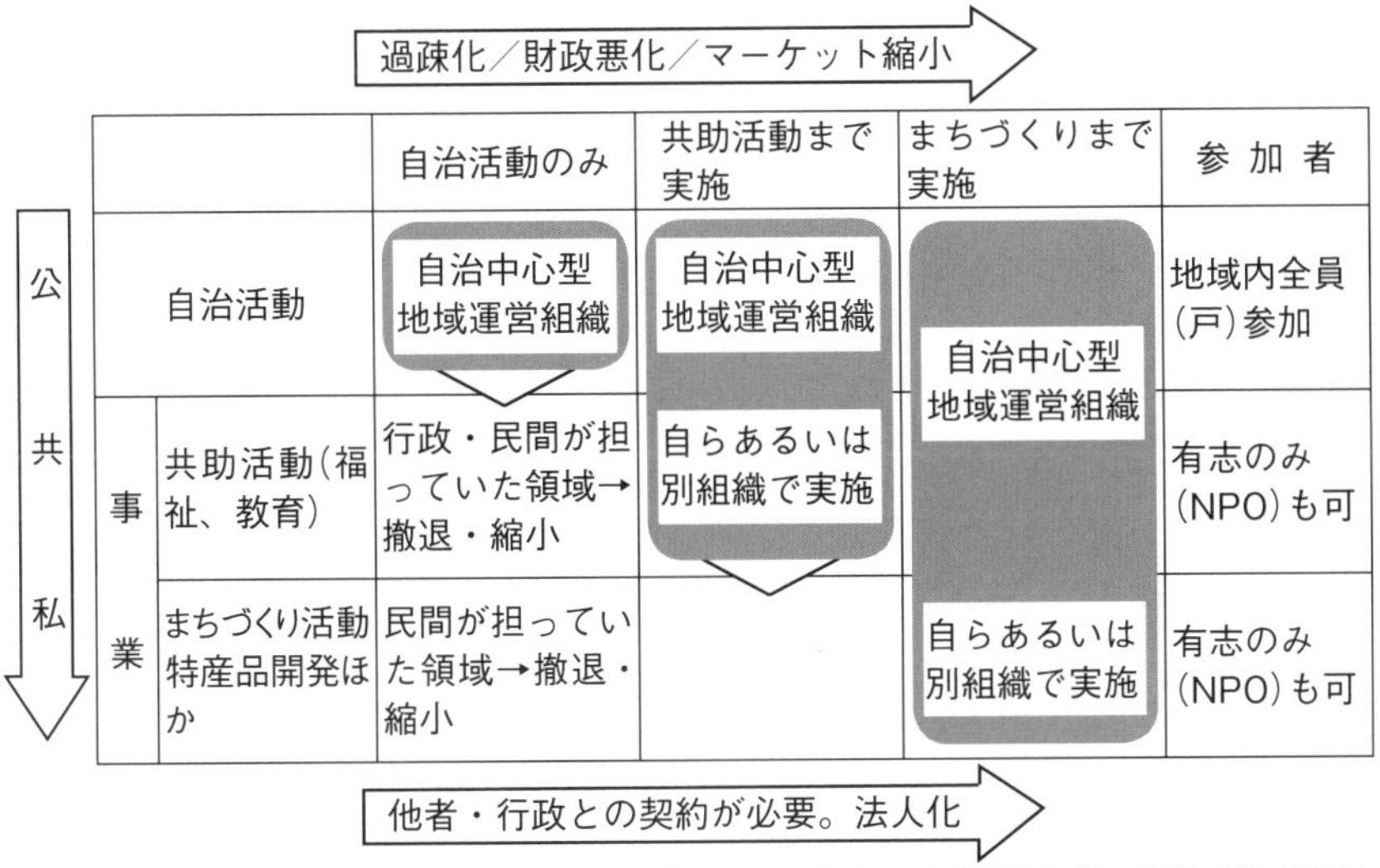

過疎化／財政悪化／マーケット縮小 →

		自治活動のみ	共助活動まで実施	まちづくりまで実施	参　加　者
公共私	自治活動	自治中心型地域運営組織	自治中心型地域運営組織	自治中心型地域運営組織	地域内全員(戸)参加
	事業 共助活動(福祉、教育)	行政・民間が担っていた領域→撤退・縮小	自らあるいは別組織で実施		有志のみ(NPO)も可
	まちづくり活動 特産品開発ほか	民間が担っていた領域→撤退・縮小		自らあるいは別組織で実施	有志のみ(NPO)も可

他者・行政との契約が必要。法人化 →

（注）総務省地域力創造グループ地域振興室『暮らしを支える地域運営組織に関する調査研究事業報告書（2016年3月）』を参考にした。

図Ⅲ―１　「自治中心型」地域運営組織の展開プロセス

域運営組織は「自治中心型」と呼ばれています。総務省の２０１６年10月調査によると、全国の地域運営組織数は３０７１団体（６０９市町村）です。

地域運営組織は「生活や暮らしを守るため、そこで暮らす人びとを中心に構成し、自治組織であると同時に経済活動を行うことも可能な地域の組織」とされ、共助やサービスを展開する図Ⅲ―１のプロセスが想定されます。その際、女性や若者、外部人材が積極的に参加できる仕組みの導入が重要です。参加者の多様化は、既存の地縁組織と異なる考え方を生み、革新的な活動を志向します。したがって、地縁組織が長年培った経験に基づく地域維持活動（守りの自治）を担うのに対して、地域運営組織は「攻めの自治」を担います。

地域運営組織は自治会などの地縁組織との補完関係が不可欠です。また、山形県鶴岡市三瀬地区（第Ⅱ部第4章①）のように、「自治会」と名乗っていても地域運営組織のような活動を行っている地縁組織もあります。だから、〝呼び方〟だけで判断することは禁物です。第Ⅰ部第3章で述べた「地域づくりの３つの要素」が備わっているかどうかが重要といえるでしょう。

〈筒井一伸〉

2 困りごとと不安ごと

人口減少と高齢化が進む過疎の農山村では、地域で生活をするうえでの課題が多くあります。空き家の増加、商店などの閉鎖、公共交通の利便性低下などの住民生活に関わる問題のほか、働き口の減少や耕作放棄地の増大など産業基盤に関係する問題などです。そのため行政の過疎対策は、産業振興や高齢者保健・福祉の向上、交通・通信体系の整備などに関して、ハードとソフトの両面の事業が展開されています。

一方、過疎という問題は実際に起こっていて目に見える問題だけではなく、住民の心理にも深刻な影響を及ぼしているといわれてきました。図Ⅲ―2を見てください。過疎という問題が発現した１９７０年代に、地域の現場から「過疎の悪循環回路」としてそのメカニズムを導き出したものです。農村人口と農家戸数が減少する「挙家離村」が進むことで、産業や生活環境の具体的課題が生まれます。その具体的な課題を目の当たりにした住民のなかにネガティブな意識が生まれることで、新たな農村人口と農家戸数の減少を生じさせるという悪循環が生まれ、最終的に集落の消滅に向かうのです。当時は「過疎が過疎を呼ぶ」と表現されました。

近年でも同様に、「意識」に注目する議論があります。小田切（２００９）は、過疎地域（中山間地域）における空洞化の進展について、人口減少という「人の空洞化」、農林地荒廃という「土地の空洞化」、集落機能の脆弱化という「むらの空洞化」という表層の課題に加えて、地域住民がそこに住み続ける意味や誇りを見失いつつ

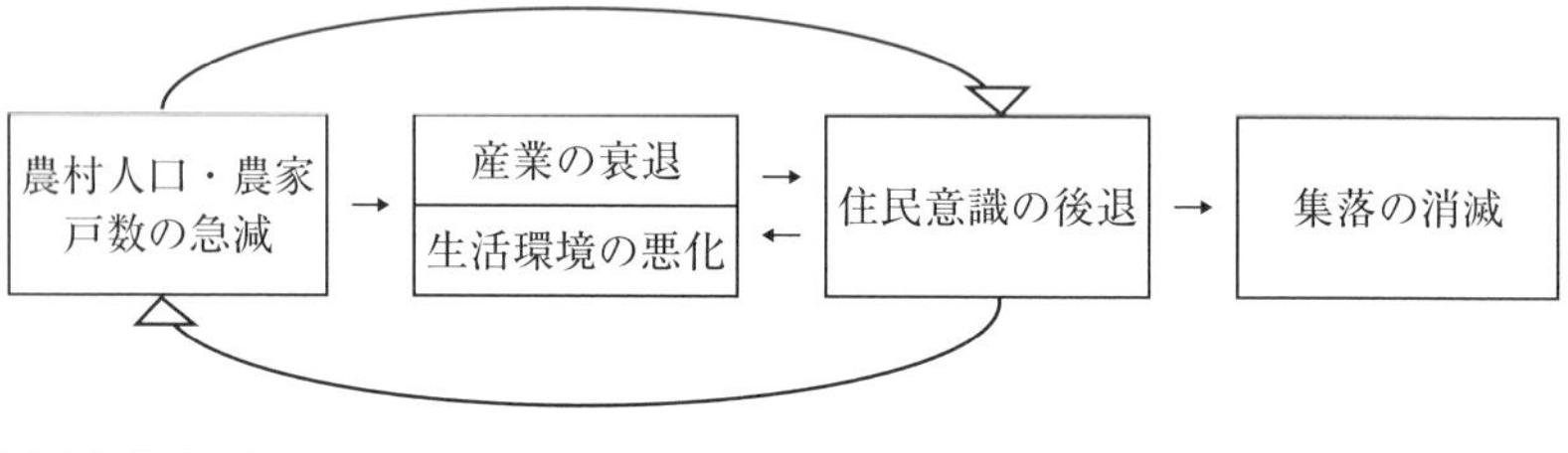

（出典）安達生恒「過疎の実態―過疎とは何か、そこで何がおきているのか―」（『ジュリスト』第455号、1970年、23ページ2）を参考に作成。

図Ⅲ―2　過疎の悪循環回路

ある「誇りの空洞化」を指摘しています。つまり、目に見える具体的課題への対応のみに終始しているだけでは不十分で、意識や誇りという目に見えないものへの〝まなざし〟が必要なのです。

筆者は鳥取県内の過疎地域の指定を受けた町のある地区で２０１６年にアンケート調査を行いました。「地域で生活するうえで具体的に困っていることと不安に感じていること」を16の生活課題に分け、自分と家族について聞くと、大変興味深い結果になりました。

回答者の20％以上が困っていると答えた生活課題は、一つもありません。一方で、不安に感じていると答えた生活課題は、①自分の健康、②家族の健康、③自分の介護、④家族の介護、⑤家族の結婚、⑥自分の経済的なこと、⑦家族の経済的なこと、⑧自分の農地山林管理のこと、⑨家族の農地山林管理のこと、⑩自分の災害への備えに関すること、の10項目が挙がりました。

つまり、具体的な困りごとより不安の意識のほうが大きいことが分かったのです。具体的な困りごとは、それが生じた際に何らかの方法で解消に向けて進んでいますが、不安はあくまで意識の問題なので、個人個人のなかで悶々とし続けるからでしょう。

不安要因となるリスクに対抗するコミュニティとして、リスク・コミュニティという考え方があります。コミュニティで不安を「見える化」して共有するという考え方で、その方法としてワークショップが有効です。ワークショップは決して難しくありません。「誰にでも」「どこにでも」ある日常の延長であり、「考えを『見える』ようにする」「『見える』言葉で『ストーリー』をつくる」「『ストーリー』で自分とまわりの人と対話する」という、日常的に使えるコミュニケーションの方法です。

その手法についての書籍は枚挙にいとまがありません。平井（２０１７）によると、ワークショップで大切なことは、第一に身近なところからモノゴトを生み出していく姿勢、第二に地域の中心的な人びとではない住民を中心に立てること、第三に一つひとつ自分たちの目と手で確かめ、模索し続けることだといいます。ぜひ、不安を「見える化」して共有するワークショップを試みてはいかがでしょうか？

〈筒井一伸〉

3 雪かきと地域福祉

雪（降雪や積雪）は自然現象で、地域コミュニティ（第Ⅲ部1）の空間範囲では現象に大差はありません。しかし、その影響は人によって大きく異なります。たとえば、高齢者、障がい者、児童、生活困窮者などは生活上の困難が生じる可能性が大きいでしょう。この困難をどうやって取り除いたり軽減したりするか、地域コミュニティの課題として共有し、協力していく必要があります。

山形県酒田市日向地区の「日向ささえあい除雪ボランティア」（第Ⅱ部第4章1）は、こうした課題に対応する「福祉で地域づくり」の実践のひとつです。酒田市の地域福祉計画では、「降雪時の除雪においては、援助が必要な高齢者等も徐々に増加していますが、家族関係や近所づきあいの希薄化、除雪ボランティアの高齢化等により除雪協力員の確保が難しくなって」いるため、地域自らがお互いに助け合う「地域支え合い活動推進事業」などの実施を謳っています。つまり、「福祉で地域づくり」の実践の根底には「地域福祉」という考え方があるのです。

我が国で地域福祉の概念が登場したのは、障がい者の施設ケアからコミュニティケアへの転換などのイギリスの政策動向に着目して「地域社会福祉活動」を提起した1963年ですが、用語が一般化したのは70年代でした（川村，2007）。そして政策的には1990年代後半に進められた社会福祉基礎構造改革の結果として、2000年に社会福祉事業法が改正されて社会福祉法となり、「地域福祉の推進」が同法の目的として謳われました。同時に、市町村には市町村地域福祉計画の策定が、都道府県には都道府県地域福祉支援計画の策定が法定化され、「地域福祉」という言葉を聞く機会が多くなりました。

社会福祉法によれば、地域福祉とは「地域における社会福祉」です。社会福祉は、低所得、要扶養、疾病、心身の障がい、高齢などに起因する生活課題を、個人や家族などの問題とするのではなく、その原因を社会にあると考えるところから始まります。社会福祉の体系はこれまで、老人福祉法や身体障害者福祉法、児童福祉法、生活保護法など、対象者ごとに〝縦割り〟で対策が行われてきました。これに対して社会

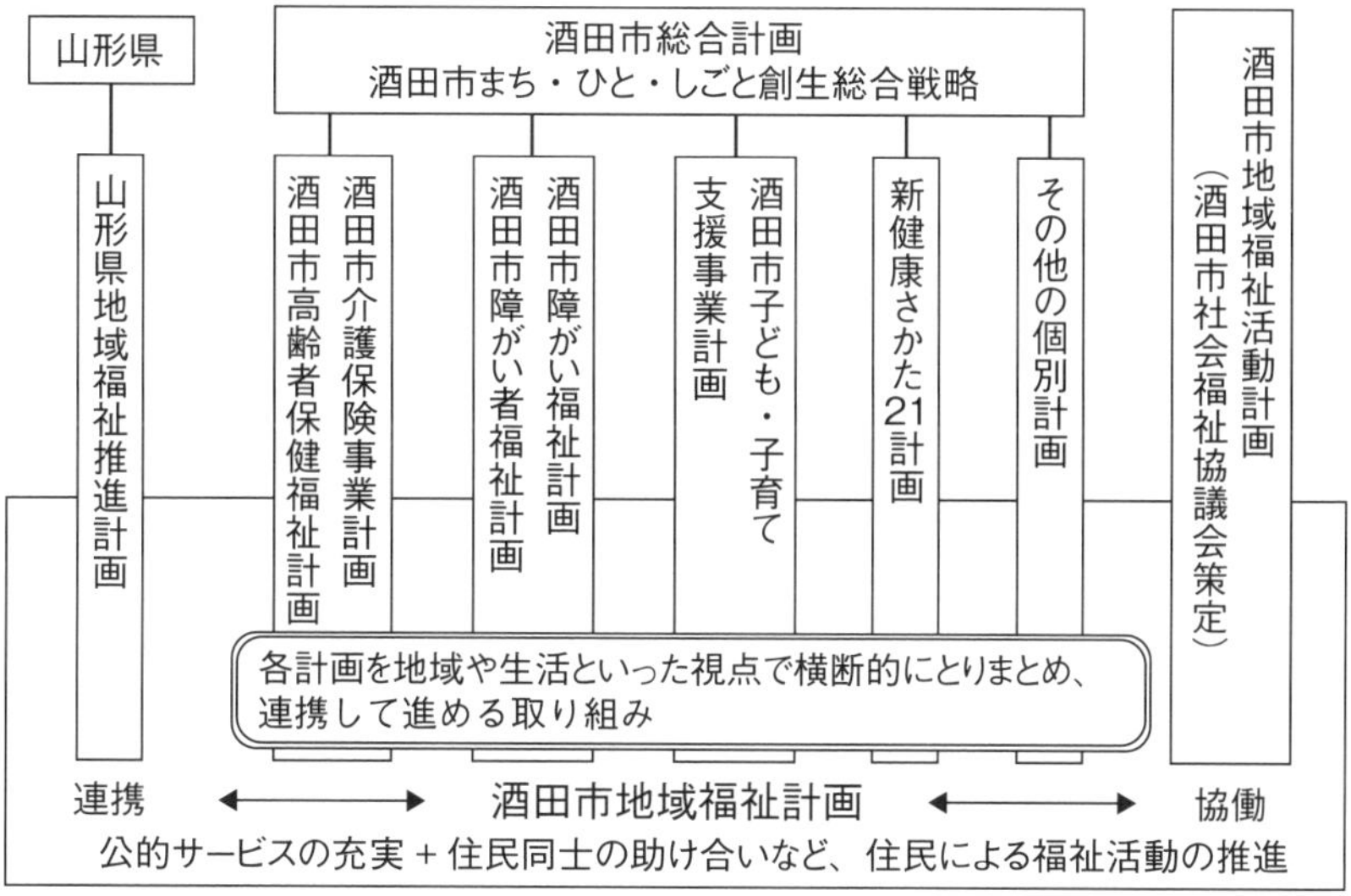

（出典）酒田市・酒田市社会福祉協議会『酒田市地域福祉ビジョン』2016 年 3 月。

図Ⅲ—3　酒田市地域福祉計画の位置づけ

福祉法では、「地域福祉」という考え方を導入することで、すべての市民が生活の本拠とする地域において〝横断的〟に協働して取り組んでいくことを目指しています。酒田市の地域福祉計画を図Ⅲ—3に示しました。そこでは、さまざまな社会福祉分野を横断的に連携していくための基盤となる計画として位置づけられています。

地域福祉が主流になると、社会福祉は行政が担い、地域福祉は社会福祉協議会（社協）が担うという分業体制は成り立ちません。地域福祉においては、地方自治体、地域の諸団体や地域住民も当事者となります。そのため、福祉コミュニティづくりや住民参加型福祉といった視点が重要になります。この身近な形態は、住民によるボランティア活動にほかなりません。

「日向ささえあい除雪ボランティア」の活動に代表されるように、日本全国で行われている雪に関わるボランティア活動は地域福祉の一環として位置づけられます。この活動が関係人口（第Ⅲ部11）として期待される地域外ボランティアとの〝関わりしろ〟としても機能し始めているのです。

〈筒井一伸〉

4 地域の受援力

辞書によれば、支援とは「苦境にある人・団体に力を添えて助けること」です。支援を受け入れることを受援といいます。もともとは地域ごとに独立組織を持つ警察や消防が、大規模災害などに際し他地域からの応援を円滑に受け入れて業務遂行できるように、「受援体制を整える」などと使われていました。

昔から災害時には、近隣や遠方からの支援が当然ありましたが、1995年1月の阪神・淡路大震災以降、情報通信の発達もあって、各地から善意に基づく支援が届くようになりました。ボランティアという人的支援もあれば、救援物資などの物的支援、義捐金などの金銭的支援、炊き出しなどのサービス支援など多様です。

ただし、必ずしも被災地のニーズに応じた適時・適量・適切な支援だけが届くわけではありません。無計画で一方的な支援物資が届き、かえって被災地に混乱を与えてしまうという問題も顕在化しました。たとえば、救援物資の仕分けに行政職員が忙殺されて本来やるべき業務ができない、倉庫が満杯になり必要なものが納められない、ごみに近いような古着が大量に届いたなどです。善意とはいえ、一方通行の無秩序な支援は問題です。その後、個人からの救援物資は原則受け付けないというルールをつくるなど、各行政機関で支援を受け入れる計画の策定が進みました。内閣府も2017年に、「地方公共団体のための災害時受援体制に関するガイドライン」(2017、内閣府)を策定しています。

行政に限らず民間レベルでも、悪意で被災地入りする自称ボランティアによる窃盗被害も起きました。ボランティア＝怪しい、という警戒心が広がり、せっかくの善意が活かせない場面もあるし、逆に「何か手伝いましょうか」というボランティアに対して、「人様の世話になるのは申し訳ない」という遠慮から申し出を断る場合もあります。しかし、支援というのは、受け入れて活かせれば絶大な効果を発揮します。災害直後の緊急的な状況で被災地側に支援を受けとめる力(受援力)が備わっていれば、迅速に円滑に支援力を有効に活かせるはずです(図Ⅲ—4)。そうした意味で、「地域の受援力向上」が有効な防災対策のひとつとして広く認識されるようになってきました。

除雪ボランティアに関しても同様です。もともと自己責任で行っていた屋根や敷地の除雪ですから、「よそ様の世話になるのは申し訳ない」が地域住民の弁《わきま》えでした。とはいえ、過疎化・高齢化が進み、担い手が不足すると、そうも言ってはいられません。にもかかわらず、十数年前「ボランティアを受け入れてはどうですか」とある地域に提案した際、断る理由がいくらでも出てきました。

「電話の受け付け、名簿の作成、保険への加入などは誰がやるんだ」「お茶出し、飯、宿は世話するのか」「地域事情が分かる人でないと無理だ」「ヤクタタズの面倒を見る手間を考えたら、自分でやるほうが早い」「俺の冬仕事を取る気か」

しかし、ボランティアの募集は新潟県の「スコップ」のような登録制度が使えます。社会福祉協議会などコーディネート慣れした組織が仲介に入れば、受け付けから保険加入まで地域に負担はかかりません。ボランティア側の原則として「ケガと弁当自分持ち」といわれるように、基本的に飲食・宿泊は支援者の自己責任です。残るは、実技指導と現場の段取り、地域内要援護者把握と連絡・調整、そして支援を受容する心理だけです。

経験を経て向上した地域の受援力は、除雪時に限らず他の災害時でも効果が発揮されます。除雪ボランティアの受け入れは、実は総合的な地域防災力の向上につながっているといえるのではないでしょうか。

〈上村靖司〉

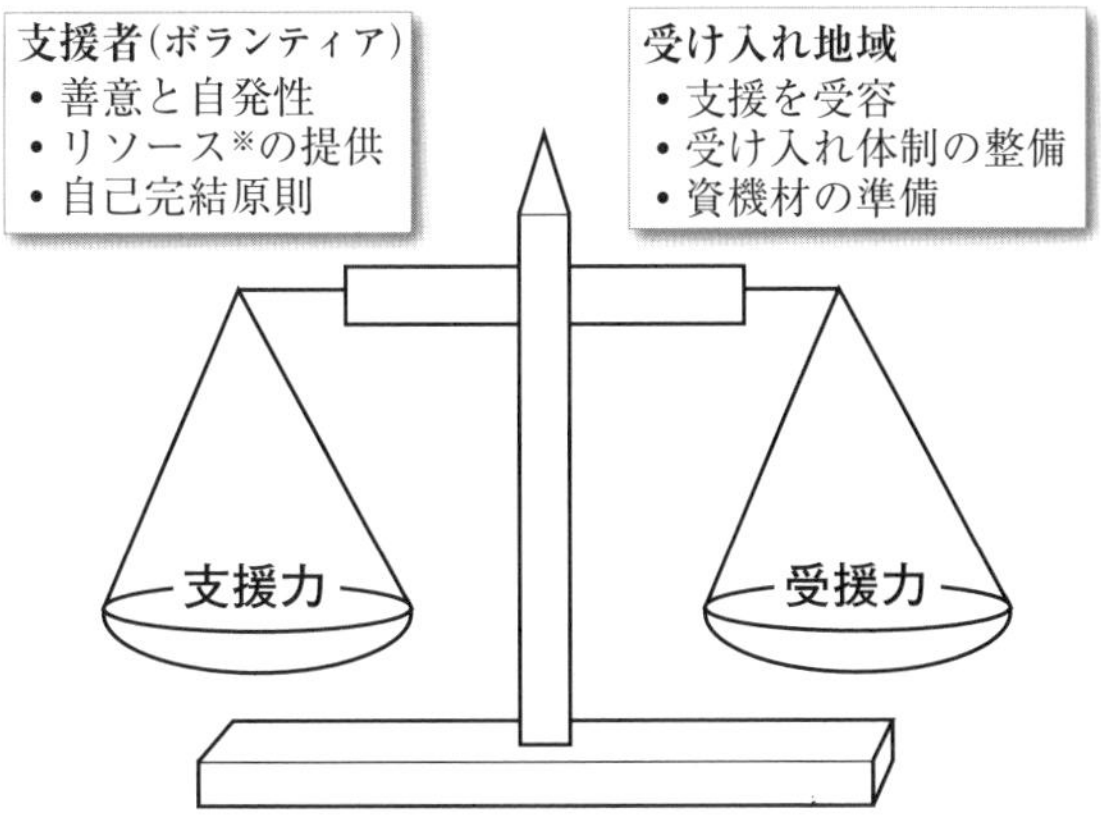

※リソース：時間、労力、物資資材、資金、知識などの総称。
(出典)筆者作成。

図Ⅲ―4　支援力と受援力

5 ボランティアと支援の本質

ボランティア(Volunteer)という言葉が日本に伝わったのは明治時代ですが、広く使われるようになり、ある種の文化として定着する契機となったのは、1995年の阪神・淡路大震災とされています。メディアを通じて繰り返し伝えられた被災地の惨状に心を動かされ、駆けつけたボランティアは延べ140万人。対応が後手に回った行政に対して、機動力のある彼らの活躍はめざましく、1995年は後に「ボランティア元年」と呼ばれました(菅、2008)。

ただし、「想い」だけに突き動かされた非専門家集団は、「烏合の衆」にもなりかねません。時々刻々と変化する被災地のニーズに彼らをマッチさせながら、効果的に救援活動を進めるために、自然発生的に組織化の動きも生まれました。それが1998年の特定非営利活動法人法(いわゆるNPO法)の制定につながったことから、1995年を「NPO元年」と呼ぶこともあります。その後の大規模災害では被災地でのボランティア活動は当たり前になり、ボランティアを有効に活かすためのコーディネート業務を担うボランティアセンターが設置される場面も増えてきました。

Volunteer の元来の意味は「志願兵」です。徴兵ではなく、自らの意思で戦場に向かうことを決断した兵士を指します。ただし、一般にボランティアという言葉が想起させるイメージは「無償奉仕」であり、対価を求めずに行う奉仕活動ないし奉仕活動する人と思われがちです。

また、ボランティア活動を自発性、公共性、無償性という三原則で整理することもあります。ここで公共性とは、特定の誰かではなく不特定多数への支援と解釈できますが、目の前の一人を助けるのも立派なボランティア活動です。無償性についても、被支援者に過度の心理的負担を与えないために(人の世話になり続けるのは心苦しいものです)、ガソリン代などの必要経費程度の対価を請求する有償ボランティア(第Ⅲ部⑧)もありますから、必須要件とはいえません。語源をみても、ラテン語の Voluntas(自由意思)です。ボランティアの本質は「自発性」だけではないでしょうか。

ボランティア活動を、自己犠牲のもとに人を助ける「一方通行の支援」と理解している人も多いでしょう。

しかし、困った状況に置かれた誰かに共感し助ける行動（利他的行動）というのは、社会を形成して生きる人間の本能でもあります。加えて、「感謝」という報酬によって自己充足・自己実現も可能ですから、「双方向性」もボランティア活動を意義あるものにし、継続的なものにします。

「支援」は、美しい響きを持つ言葉です。一方で、過剰支援やひとりよがり支援など、支援する側の都合で行動することへの批判もあります。自己満足が目的化して自分勝手な行動に出たり、配慮が行き届かずかえって迷惑をかけることもあり、戒めの言葉として「被災者主体」という表現もよく使われてきました（村井、２０１６）。

筆者は、支援という言葉を単独で使わずに、「自立支援」と言い換えるよう心がけています。被支援者にとっては、たとえば寝たきり→車椅子→松葉杖→自力歩行、そして自立へと回復することが目的です。支援者がすべきは、「なんでもかんでも手助けする」ことではありません。回復段階に応じたサポートをすることです。過剰に手を出して、「自立」に向かうどころか「依存」を助長してしまっては意味がありません。

災害被災地における支援では、「寄り添い支援」という概念が定着しました。必ずしも「支援活動」に拘泥せずに、被災者に寄り添うことの大切さが認識されるようになっています。東日本大震災に際して、福島大学の学生ボランティアたちが「いるだけ支援」という言葉に行き着いたのも象徴的なことです。

除雪ボランティアでも同じです。「ヤクタタズ」と言われかねない雪かき初心者が集落除雪のお手伝いに行けば、もちろん熟練者ほどの効率ではないにせよ、それなりに役には立ちます（写真Ⅲ―１）。ただし、それ以上に、「みんなが来てくれたことが嬉しいんだ」「若い人たちから元気をもらった」などの声が、集落の皆さんからよく聞かれます。

写真Ⅲ―１　除雪ボランティアには雪かき初心者もたくさん参加する

やはりボランティアは、「活動」だけでなく「交流」も本質なのではないでしょうか。

〈上村靖司〉

6 エンパワーメント（内的獲得感）

「なぜ、お金を払ってまでボランティアに行く人がいるのですか？」

メディアの取材で筆者が頻繁に受ける質問のひとつです。この質問には、「実はボランティアも得ているものがあるんですよ」と答えています。では、「得ているもの」とは何でしょうか。

社会や他者から人がどのように影響を受けるのかを追究する社会心理学には、「援助行動研究」という分野があります。援助行動は、見返りを求めず自分を犠牲にする行動だと思われがちです。しかし、社会心理学では、支援者は援助行動をとおして満足感や喜びといった感情や自尊心といった内的獲得感（エンパワーメント）を得ているといわれています（妹尾、２００３）。そして、このエンパワーメントがボランティア活動の継続性を高める一方で、支援者が費やす「支援コスト」（金銭に限らない）が活動の継続性を阻害することも指摘されています。

ここで、「雪かきボランティアで何を得られたか」に関する筆者の研究結果を紹介しましょう。２０１３年に北海道岩見沢市・三笠市・倶知安町・上富良野町で実施した札幌市発着の雪かきボランティアツアーの参加者１００名に対し、ツアー往復のバス乗車時間を利用して、アンケート調査を行い、分析しました。内容は、活動の前後の心理的獲得感、支払ってもよいと思う支援コストの変化、「次も参加したい」という継続意図がどのような要因に影響を受けているのかです。

その結果を図Ⅲ―５に示します。継続意図に対して、心理的獲得感の「充足感（活動を通じて気持ちの充足感を得られたか）」「貢献感（人や地域に貢献しようという気持ちが芽生えたか）」、支援コストの「共同作業による徒労感（見ず知らずの他者と共同作業をすることで気疲れする）」「身体的疲労感（除雪作業で肉体的に疲れた）」が影響を与えていました。つまり、活動そのものを楽しめたり、人や地域に貢献できたと実感できれば継続意図が高まり、共同作業による気疲れや身体的疲労感を感じれば継続意図が低下するという結果です。

このように雪かきボランティアへの参加は、支援者

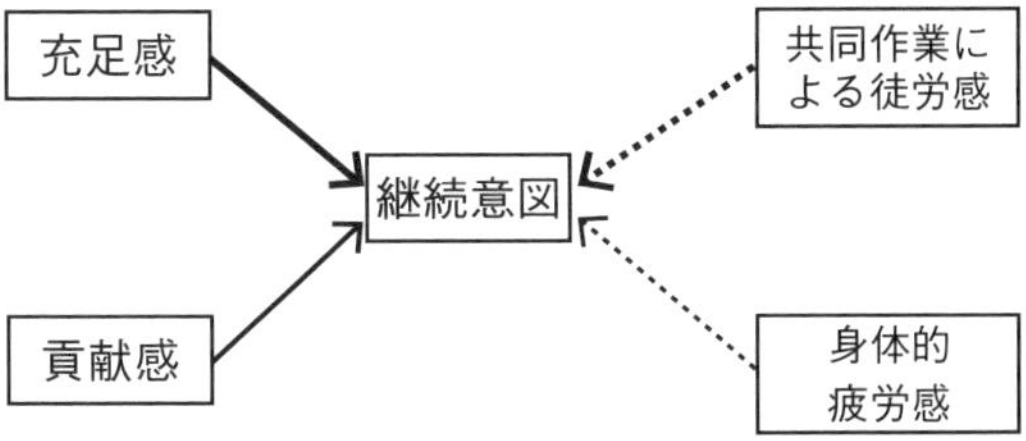

（注）実線矢印は正の影響、破線矢印は負の影響、矢印の太さは影響力を示す。
（出典）小西信義・中前千佳ほか「北海道豪雪過疎地域における広域的除排雪ボランティアシステム構築に関する実践的研究(2)―ボランティア活動におけるエンパワーメント・援助出費・継続意図―」『北海道の雪氷』32巻、2014年、46～49ページ。

図Ⅲ―５　継続意図の規定要因

にとって人の役に立てたやりがいや、みんなで作業をする楽しみといったエンパワーメントを得られる機会として捉えられているようです。もちろん、参加者は休日を割いたり、参加費を払っているわけで、相当な支援コストを負担しています。それでも、参加によって「想定していたよりも大きな支援コストを払ってしまった」と感じる統計的傾向は見られませんでした。

　参加者に除雪の担い手として継続的に活躍してもらうには、充足感や貢献感を向上させるプログラムづくりを心がける必要がありそうです。具体的には、雪かきをする家屋の人との接点をつくることが有効です。雪かきが終わった後には、ボランティア全員で家主に挨拶をしましょう。家主が喜んだり雪がなくなって安堵したりする顔を見るだけで、ボランティアたちは貢献感や達成感が得られ、雪かきによる疲れも一気に吹き飛びます。単純なことですが、「誰のために自分は頑張ったのか」を感じる機会が内的獲得感の大小を決めるのです。

　一方、共同作業の気疲れや身体的疲労は、継続意図を阻害しますから、共同作業を円滑に安全に行えるように事前講習を徹底する必要があります。そして、雪かきボランティアをコーディネートする立場の人は、現場で起きる諸問題を即座に解決できる力量を育むと同時に、参加者の内的獲得感をより一層高める配慮を常にできるようになることが肝要といえます。

〈小西信義〉

7 除雪ボランティア

豪雪地帯では、冬の日常生活を営むうえで除雪は不可欠です。自宅は自力でやるのが当然ですが、公民館などの共有施設や要支援者宅は、かつては結《ゆい》や巻《まき》（親族・親類筋）という地域内の互助（組織）によって行われていました。その後、１９５６年の雪寒法（第Ⅰ部第2章参照）施行を受けて道路除雪が本格化し、自家用車が急速に普及していきます。すると、除雪車が押しのけて家の前に置いていく固くて重い雪の除雪も、玄関からの出入りや車の出し入れのために不可欠な作業となりました。

過疎化・高齢化の先進地として知られた岩手県沢内村（現西和賀町）で、「スノーバスターズ」と呼ばれる除雪ボランティア組織が始動したのは１９９３年です。自治体規模で除雪ボランティアを組織した先駆けといえるでしょう。１９８４年公開の『ゴーストバスターズ』という映画をもじったこの親しみやすいネーミングのおかげもあってか、青森市（１９９５年）、福井市（１９９６年）、山形県（２００１年）をはじめ、各地へ広がっていきます。

同じころ、有志による自発的な除雪支援活動が始まっていた新潟県川西町（現十日町市）では、阪神・淡路大震災でのボランティアの活躍に刺激され、「夢雪隊」と呼ぶ組織が１９９５年12月に結成されました。社会福祉協議会を核とし、商工会青年部や有志も加わった組織です。この動きは新潟県川口町（現長岡市）に波及し、１９９９年に「遊雪隊」が結成されました。

その前年の１９９８年度に、新潟県が除雪ボランティアの登録制度「スコップ」を始めました。地域内に限定せず、除雪ボランティアを広く募って事前に登録し、市町村からの要請に応じて登録者に出動依頼する仕組みです。県が個人の問題に踏み込んで除雪ボランティア制度を創設したことは、当時としては先進的な取り組みでした。ただし、この時期は昭和60年豪雪（１９８５年）の翌年から２００４年までの暖冬少雪傾向の期間中です。除雪ニーズが少なく、登録者数も活動人数も多くはありませんでした。

転機となったのは２００４年の中越地震です。延べ10万人といわれる災害ボランティアに対して「中越」が有名になったために、直後の２００４年度のスコッ

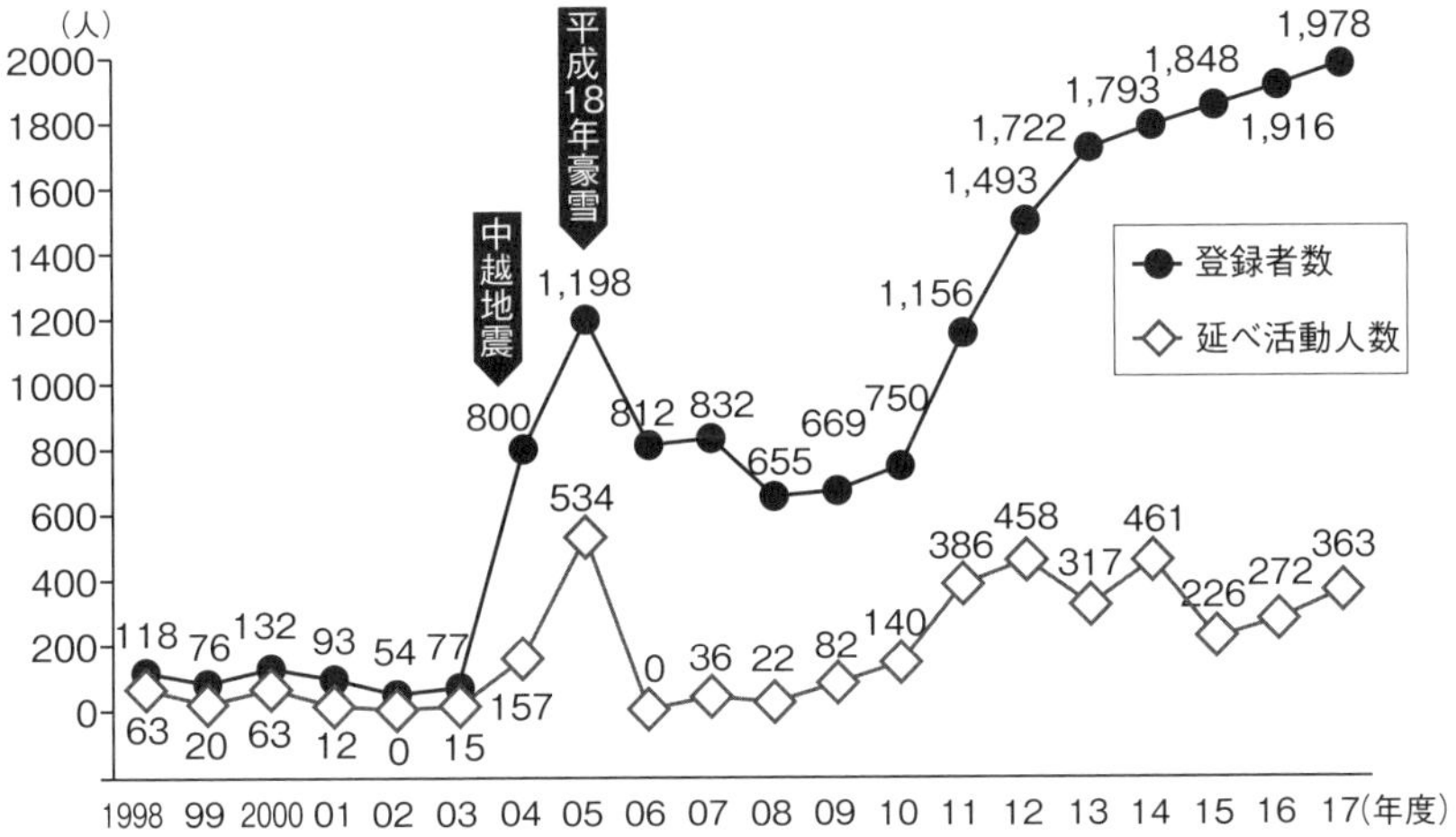

図Ⅲ―６　「スコップ」の登録者数と活動人数の推移

プ登録者は前年の10倍以上に増えました（図Ⅲ―６）。翌２００５年度は、12月初旬から降り始めた雪が12月末までに津南町で４メートルを超すなど記録的豪雪となり、雪による被害者は１５２名（平成18年豪雪）。頻繁に報道されたこともあって、スコップ登録者数はさらに１・５倍になりましたが、実際に稼働した延べ人数は登録者の半分以下でした。制度が先行し、地域の受け入れ態勢が不十分だったのが最大の理由だと考えられています。

その後、２０１２年度に山形県が「除雪志隊」というボランティア登録制度を設けたり、14年度に非豪雪地を見舞った大雪に対応するべく群馬県前橋市に除雪ボランティアセンターが設置されたりと、除雪支援の輪が各地に広がりました。それでも、豪雪地帯は広く（国土の半分）、急速な過疎化・高齢化に追いつけていないため、大雪の際の各地の人手不足は改善していません。そして、事前の支援体制構築も残念ながらそれほど広く普及していないというのが課題です。

〈上村靖司〉

8 有償ボランティア

厚生労働省は有償ボランティアを「ボランティア活動を行い、実費や交通費、さらにそれ以上の金銭を得る活動」と定義しています（厚生労働省社会援護局地域福祉課）。一方、全国社会福祉協議会による「ボランティア活動保険」では、有償のボランティア活動は対象外です。そこでは「交通費、昼食代、活動のための原材料費などの実費の支給」は無償扱い、「報酬が時給・日給・月給などで支払われる場合」は有償扱いとされています。実費を超える報酬の有無で、有償と無償を分けているわけです。

日本の有償ボランティアの歴史を振り返ると、言葉が生まれたきっかけは1980年代の神戸ライフ・ケアー協会とされています（東根、2015）。新聞記事検索サービスで検索すると、最も古い記事は1982年3月16日の「高齢者や障害者の生活を有料でお手伝い—神戸に初の有償ボランティアが発足」（『日本経済新聞』）です。

除雪に関わる有償ボランティアについて同様に新聞記事検索サービスで確認すると、初出は1992年で、2000年前後からは毎年のように記事が見つかります。2005～06年は「平成18年豪雪」、2009～11年は「平成22年の大雪」「平成23年の大雪」によって、全国で100名以上の死者が発生した時期です。これらの大雪との関係をみると、「平成18年豪雪」後は有償ボランティアの動きはあまりありません。一方、2011～16年以降は多くの記事が見つかります（図Ⅲ—7）。

筆者の推察では、久しぶりに見舞われた「平成18年豪雪」の場合、まず担い手の確保の議論が中心でした。だから、有償ボランティアの仕組みを立ち上げるというところまでの動きは少なかったのでしょう。そして、2009年以降の大雪の経験を経て、継続して除雪をお願いするには、ある程度の対価を払う仕組みが必要であると考えるようになったのだと思います。

有償ボランティアを組織的に運営している事例をみると、2つに分けられます。①買い物支援や食事提供、農作業支援、移動支援など高齢者の日常生活の困りごとの一つに除雪を位置づけている団体と、②除雪に限定して有償サービスを提供する団体です。後者は、高

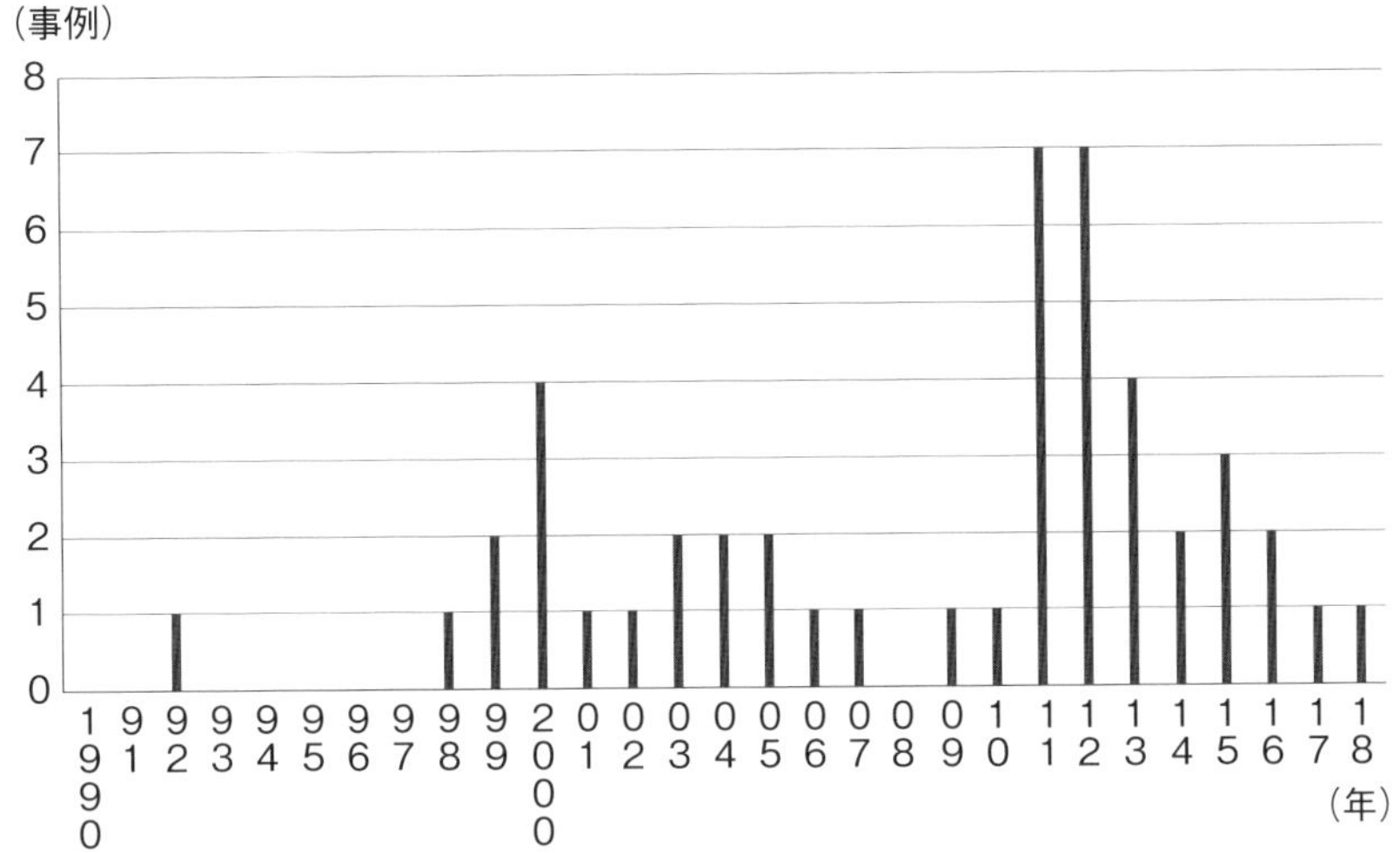

（出典）日経テレコンの新聞記事検索を用いて、「有償ボランティア」かつ「除雪」でヒットした新聞記事から取り組み事例を抽出・整理。

図Ⅲ—7　除雪サービスに係る有償ボランティア取り組み事例の活動開始年の推移

齢化に関わる地域課題において除雪の比重が高い地域とみることもできます。たとえば、山形県鶴岡市三瀬地区の「さんぜスノースイーパー（SSS）」と宮城県大崎市池月地区の「池月を助け隊」です（表Ⅲ—1）。

〈塩見一三男〉

表Ⅲ—1　除雪専門の「有償ボランティア」団体の例

組織名	三瀬スノースイーパー（SSS）	池月を助け隊
所在	山形県鶴岡市三瀬地区	宮城県大崎市池月地区
地区人口	1411人（2018年5月現在）	1432人（2018年5月現在）
開始年	2013年	2011年
隊員数	33名	24名　12名は除雪のみ
活動区分・サービス内容	個人からの依頼による住宅の除雪、通路などの確保 自主的な見回り・除雪活動 • 危険箇所のパトロール • 避難道の除雪、つららの撤去、無人寺の除雪、強風による看板倒壊の処理など	個人、事業所からの依頼による住宅や駐車場の除雪 • 個人宅の通路などの確保62件 • 事業所の駐車場の除排雪78件 ※冬期間契約による除雪のほか、除草・清掃・家具移動・手すり取り付けなど
料金	800円／時間	手作業除雪：500円/30分 機械作業除雪：6000円／回

9　災害ボランティアセンター

ボランティアセンターは、ボランティア活動をしたい人と、してほしい人をつなぐ組織です。そのうち、災害発生時の復旧・復興支援のためのボランティアを被災者に適切にマッチングするために設置されるものを「災害ボランティアセンター（災害ボラセン）」と呼んでいます。１９９５年の阪神・淡路大震災では、想いを持った、しかし烏合の衆になりかねないボランティアを有効に機能させるための災害ボラセンが不可欠であることが、広く認識されました。

阪神・淡路大震災以降、国内外で頻発する大規模災害の被災地では、被災者のニーズとボランティアのシーズをマッチングする拠点・機能として、災害ボラセンが当たり前のように設置されています。行政の手に余る業務量、あるいは手に負えない領域できわめて有効に機能することから、非常時の被災地支援の仕組みのひとつとして、欠かせない社会的インフラです（写真Ⅲ—２）。

近年の国内における大規模災害の発生状況をみる

写真Ⅲ—２　2011 年冬に長岡市に開設された雪害ボランティアセンター（左は入り口、右は集められた資機材）

と、大多数を占めているのが地震災害（津波を含む）と豪雨災害（台風を含む）です。豪雪災害とこれらの災害の違いを比較してみましょう。

まず、発生時期と発生場所です。地震はいつどこで発生するか分かりません。豪雨は主に6～10月に起き、豪雨に伴う洪水ならば、洪水ハザードマップで示された浸水想定区域内がおおむね被災地になります。一方、豪雪の発生時期は冬期に限定され、発生場所は基本的に雪国、つまり豪雪地帯です。ただし、東京都、山梨県、群馬県のような豪雪地帯でない地域が集中的な降雪に見舞われ、雪に不慣れであるがゆえに甚大な被害が起きる事例も近年増えてきました。

次に、災害となるタイミングをみると、地震や豪雨はいつからが災害かタイミングを明確に特定できます。これに対して豪雪災害では、毎日のように雪が降り積もるなかでじわりと被害が増えていくので、いつからが災害かの境界線は曖昧です。自治体ごとに、災害救助法・条例を適用する基準積雪深は決められていますす。しかし、基準値に達する前後で被害の程度が著しく変わるわけではなく、明確な境界線は引けません。

地震や豪雨の場合の被災者は、被災地のほとんどの住民です。一方、豪雪災害の場合は、全世帯が被災者というわけではありません。積雪のために生活に著しい支障が生じている世帯と、ほとんど影響を受けていない世帯が混在しています。ボランティア派遣が必要なのは前者で、除雪を自ら行うことが体力的または経済的に困難な世帯（要支援世帯）です。

また、地震災害や豪雨災害の被災者は、災害発生前はふだんどおりの生活を送っています。これに対して豪雪災害の被災者は、平時から日常生活に何らかの支障があって福祉サービスを受けている要支援者です。つまり、豪雪災害の発生前から支援対象は把握できることになります。

豪雪災害は他の自然災害と異なり、雪ならではの特徴があり、災害ボラセンを開設・運営する際にもこの違いに留意しなくてはなりません。豪雪災害は日常性の強い災害であり、ふだんから雪かきで困っている要支援世帯をどのように支えていくかという平時の地域づくりの課題の延長線上にあるという認識が必要です。

〈諸橋和行〉

10 雪害ボランティアセンターの運営と安全管理

雪害ボランティアセンター（以下「雪害ボラセン」）において最も大事なことは「いかに被災者の力になるか」です。ただし、運営主体としてボランティアの安全管理ができていることが大前提となります。つまり作業中にボランティアを事故に遭わせない、ケガをさせないために最善を尽くさなくてはなりません。

豪雪のたびに雪国の各地で雪に関わる事故が多発しています。その大半が除雪作業中です。初めてその場所を訪れるボランティアに慣れない除雪作業をお願いするわけですから、雪害ボラセンとして安全に配慮する具体的な仕組みが不可欠です。長岡市での2度の雪害ボラセンの運営経験から（第Ⅱ部第2章③）、私たちが実際に行った安全管理のポイントを次にまとめましょう。

（1）除雪ボランティアの事前登録と班編成

災害ボランティアセンターでは、一般的には当日の朝にボランティアを受け付け、その場で班編成して作業を割り振ります。しかし雪害ボラセンでは、大規模な地震や水害とは異なり一刻を争う支援が必要という状況ではないため、事前に活動日を定めてボランティアを募集する方法をとります。未経験者だけの作業班にならないよう、ボランティアを受け付ける際に雪かき経験を聞き（ふだん雪かきをしているか、屋根の雪下ろしをしたことがあるか）、事前に班編成を行います。

（2）ボランティアリーダーの配置

事前の班編成において、雪かき作業に慣れているベテランをボランティアリーダーと定め、各班に1人ずつ割り振り、除雪作業中の目配り（とくに初心者）、休憩・水分補給の確保（30分に1回程度）、現地での家主（または現場の状況に詳しい人）との事前確認をお願いします。

（3）現場の事前確認

雪かきボランティアを必要とする世帯に対して、事前登録制（民生委員・社会福祉協議会職員・本人・家族・近所の人などが申し込み）を推奨します。可能なかぎりスタッフが現場に出向き、現地調査チェックシート（図Ⅲ—8）に沿って、家主や町内会役員と相談したり、状況を確認したりしながら、具体的な作業内容を決め

長岡雪害ボランティアセンター【現地調査チェックシート】

氏名：
住所：
日時：(　　月　　日　　時　　分～　　時　　分)
家主との会話（した・しなかった）
調査員：

◆写真撮影
□建物の外観
□除雪する場所、積雪の様子
□雪を捨てる場所
□危険な箇所

◆作業内容
□雪おろし　(詳しく：　　　　　　　　　　　　　　　　　)
□玄関先の除雪
□住宅周りの除雪
□その他　　(詳しく：　　　　　　　　　　　　　　　　　)

◆除雪作業の想定
〔　　　　〕人で〔　　　　〕時間程度

◆駐車スペース
□駐車場所（　　　　　　　　　　　　　　　　　　　　　)
□可能台数（　　　　　）台

◆備考

優先度の判定：　高い・普通・低い・対象外

図Ⅲ―8　現地調査チェックシート

ていくとよいでしょう。

(4)雪下ろしニーズへの対応

雪害ボラセンにおいて雪下ろしを活動対象とするか否かは難しい課題です。雪下ろし作業(とくに高さ2メートル以上の高所作業)における安全管理が徹底できないのであれば、ボランティアに作業をさせてはいけません。しかし、被災者が大変困っているという現実があり、断るだけでは被災者の声を無視することになります。市町村が斡旋する雪下ろし業者のリストを活用して、被災者と一緒に雪下ろし業者を探し、依頼・交渉するとよいでしょう。

(5)当日の安全講習

雪かきボランティアに対して毎日、現場に向かう前にオリエンテーションとして15分程度の安全講習を行います。活動の手引きに基づいて、雪かき作業の注意点、作業の流れ、服装、道具の使い方、体調管理の留意点を伝えましょう。また、雪かきの初心者に対しては個別に、かんじきの履き方、スコップやスノーダンプの使い方を指導します。越後雪かき道場(第Ⅱ部第5章[1])が作成した指南書から必要部分を抜粋して活用してもよいでしょう。

〈諸橋和行〉

11 関係人口と交流の鏡効果

都市と農山村の交流は、1970年代から取り組まれている地域づくりの実践です。当初の「異なる文化を有する都市住民と農山村住民が交流をする」という目的は変化し、1980年代後半からは主要な農山村振興政策として位置づけられていきます。1994年には「農山漁村滞在型余暇活動のための基盤整備の促進に関する法律」が施行されてグリーン・ツーリズムなどが本格的に動きだし、農山村の経済振興への切札として期待されました。しかし、思ったほどの経済効果は生まれず、意欲ある個々人の努力に依存していたため、農山村側の「交流疲れ」という問題が顕著になりました。

では、都市と農山村の交流は意味がないのでしょうか。第I部第3章で述べたように、「暮らしのものさし」をつくり出すための「都市—農山村交流の鏡効果」があるといわれています。目的をもって都市—農山村交流を行えば、都市住民の目を通じて地域の価値を再発見でき、農山村の「宝」を映し出す「鏡」として機能するのです。

1990年代に生まれた「交流人口」の概念はもともともと、こうした「鏡効果」を生み出し、都市と農山村の相互補完関係(Win-Win の関係)をもたらす人びとを指すものでした。ところが、数値評価の指標として都合よく使われる政策用語になったため、観光の入込客数やイベント参加人数へと歪曲化されていきました。

ところで「関係人口」という言葉を聞いたことがあるでしょうか? 都市の、とくに若い世代に広がる農山村への関心は、「田園回帰」といわれる移住の大きなうねりとなっています。移住にまで踏み切れないままでも、農山村に関わり続けたいという人びとも多く存在します。ここには、除雪ボランティアをはじめとする農山村におけるボランタリーな活動に参加する都市の人びとも含まれます。

観光客という「交流人口」以上、地域住民という「定住人口」未満というターゲットに「関係人口」という考え方を導入して、地域外の人びとと地域との関わりを整理したものが図Ⅲ—9です。ボランタリーな活動も含む体験活動から始まり、祭礼やイベントなど農山村コミュニティ活動への継続的参加をとおした協

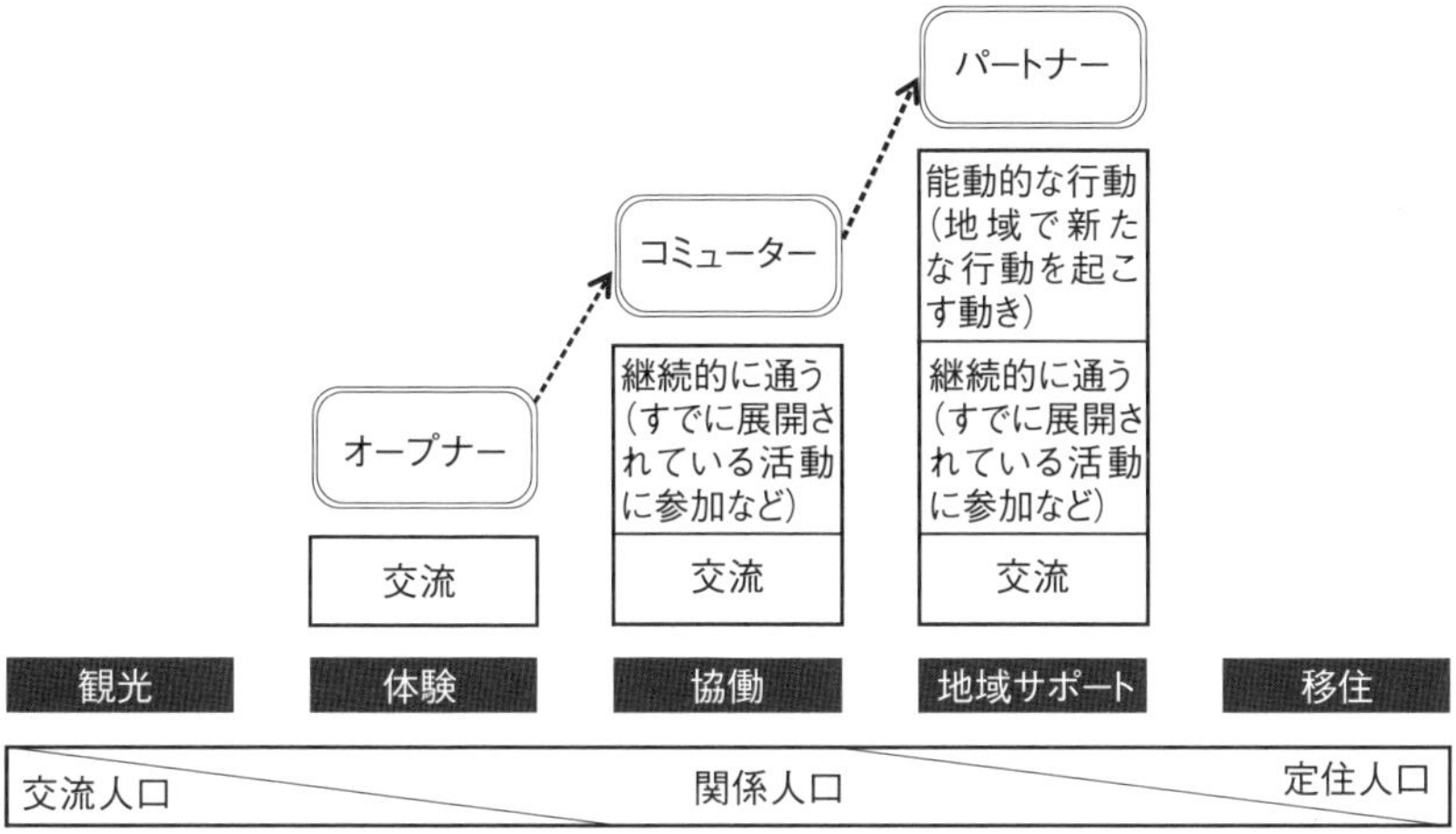

（出典）京都市北部山間かがやき隊（地域おこし協力隊）小林悠歩氏作成の図に加筆して作成。

図Ⅲ―9　地域外の人びとと地域との関わり方

働の展開、そして地域おこし協力隊や緑のふるさと協力隊など一定期間滞在しながら行う地域サポートが想定されます。その際の重要な基盤が都市と農山村の交流です。「鏡効果」を生み出すオープナーを入り口とし、継続的に通うコミューター、能動的な活動を行うパートナーと展開しつつ、協働や地域サポートを実現していく関係が築かれていきます。

もちろん、関係人口はこれだけではありません。従来の農山村の地域維持活動が地域内に住む家族（内家族）と都市へ出て行った家族（外家族）との協働によって行われてきたので、他出子と呼ばれる出身者や親族とのネットワークも重要になります。

関係人口にまつわる議論の本質は、個々人を主体とした人と人との関係のあり方です。一方で「人口」は重商主義時代につくり出された、人間を管理可能な没個性的存在の集合にした概念といわれています。それは、数字で扱われるものです。「関係人口」も、数的なカウントという「交流人口」と同じ隘路にはまり込まないように、気をつけなければなりません。

〈筒井一伸〉

12 ボランティア・ツーリズム

　一般にツーリズムという用語は、物見遊山的な意味合いの「観光(Sightseeing)」に対比して、体験(Experience)や、活動(Activity)、交流(Interaction of people)を伴う旅行という意味合いで使うことが多いようです。近年では、環境に配慮したエコ・ツーリズム、山や森、あるいは農業に関わるグリーン・ツーリズム、海に関わるブルー・ツーリズムなど、年を追うごとに多様に広がってきました。

　これに「ボランティア」を冠したのが「ボランティア・ツーリズム」。古くからある概念で、以下の定義が知られています。

「ツーリストであって、様々な理由から、その休暇を、何らかの仕方でボランティア活動のために、すなわち、何らかの形で困窮状態にある人々の援助や支援、種々な環境の維持・復旧、もしくは社会的環境の諸側面についての改善・調査・研究などの活動に従事するために、過ごすことをする者たち」(大橋、２０１２：９)

　つまり、「参加者の自発的意図」によって「非日常空間へ移動」し、「現地でボランティア活動する」企画が「組織的に運営されている」ことが、ボランティア・ツーリズムの基本要素といえるでしょう。ここで「移動」に注目すれば、阪神・淡路大震災以降は大災害が起きると、ＮＰＯ法人や社会福祉協議会によって被災地にボランティアを運ぶバスが運行されるようになりました。文字どおりツアー化が進んでいます。

　一方、「雪かき」という体験・活動を核とするボランティア・ツーリズムは、まだそれほど一般的ではありません。雪かきボランティアの募集から現地への移動、体験交流メニューの提供までを含めて、旅行会社が企画・実施主体となる本格的なツアーとしては、北海道の「雪はねツアー」が先駆者といえるでしょう。「ボランティア活動による広域交流イノベーション推進研究会」が原案を企画して２０１３年に始まりました(第Ⅱ部第5章[3])。

　最近では、毎年4カ所程度に延べ6回前後実施し、ひと冬で延べ１５０人程度が参加する人気ツアーとなっています。雪はねツアーでは、札幌市内や近郊からボランティアを募り、バスで空知地域や後志《しりべし》地域に出かけます。現地では、除雪に困っている一人暮らし・高齢者世帯の玄関前や軒下の除雪作業を行い、作業後に手料理をいただいたり、温泉入浴や酒蔵見学、雪下野菜を掘る体験など、その地域ならではの観光体験を楽しめるプログラムです（写真Ⅲ―3）。

　このツアーを受け入れる地域のメリットは、不足する雪かきの担い手の充足です。一方、参加者の側に立って考えると、貴重なお金と時間を費やして重労働の雪かきを無償で行うために何時間もバスに揺られて豪雪地に赴く動機は、何なのでしょうか。

写真Ⅲ―3　雪野菜掘りの体験（撮影：ハレバレシャシン）

　もちろん地域社会への貢献という〝利他的な動機〟もあるでしょうが、それだけではなく〝利己的な動機〟もあるはずです。直接的には非日常体験、温泉などによるリフレッシュもあると思います。感謝から得られる充足感や、役に立ったという実感から得られる自己肯定感といった心理的獲得感（エンパワーメント）も、継続動機につながるでしょう。

　それ以上に、地域住民と参加者の双方にとって有効な効果として考えられているのが、人と人との交流です。名所旧跡などの観光資源に乏しい地域であっても、ボランティア活動の場そのものが新たな交流機会創出の場となるし、触れ合う地域の人びとが誘因力をもつ資源となりえます。

　第Ⅱ部第3章①で紹介した岩見沢市美流渡《みると》の事例のように、参加者との交流が自分たちの地域の良さを住民に気づかせるきっかけ（鏡効果、第Ⅲ部⑪）となったり、参加者が訪れた地域を気に入って移住を決断する事例も、現れ始めています。地域活性化の切り札としても大いに期待されているのです。

〈中前千佳〉

13 移住と定住

ここでは「移住」を、都市部から地方の小都市や農山村などの条件不利地域に向かう移住者の動きに限定します。また「定住」は、移住者がその地域に生活の基盤を築いて定着することとします。そのうえで、雪の積もる地域への移住の可能性と移住者の役割について考えてみましょう。

移住者が着実に増えているのは確かなようです。長期的な推移を示す統計はありませんが、ある調査によれば2009年の4倍を超えました（小田切ら、2016）。ただし、地域差も大きく、各年とも上位5県への移住者が4～5割を占めています。

また、認定NPO法人ふるさと回帰支援センターに相談に訪れる移住希望者が移住先候補に挙げる上位20道府県をみると、東日本大震災の翌年で特異な傾向を示す2012年を除き、09年から17年の間に西日本の県が増え、豪雪地帯指定地域のある道県は減少傾向です。移住候補地としてのイメージ形成や実際の移住行動において、雪がマイナス要因になっている可能性がないとはいえません。

しかし、だからといって雪が積もる地域への移住・定住はあまり期待できないと諦める必要はありません。移住者の質的な側面に目を向ければ、量的な傾向とは異なる可能性がみえてきます。

移住者の属性は多様です。イギリスの逆都市化に注目した研究者は、ウエールズ地方の農村地域への移住者の「ライフスタイル戦略」を類型化し、「人間関係構築型」と「個人生活充実型」（いずれも筆者の意訳）という対照的な類型を見出しました（Boyle et. al., 1998）。前者は農村地域の濃密な人間関係に魅力を感じて地域と積極的につながろうとし、後者は農村景観を美学的な背景装置として田園生活を楽しもうとします。山形県内に点在する移住者を対象とした筆者の調査でも、よく似た移住者のタイプがみられました（沼野、1996）。

人間関係構築型の移住者は、利便性や気候条件を移住先選定の主要な条件とはせずに、そこに住む人びとの日々の営みに惹かれてやってきます。地域づくりの取り組みで知られる町村に移住者が多いという指摘もあります。多くの人びとを呼び込むのは無理でも、地域にとって大きな力になる少数の移住者を招き入れられる可能性は十分にあるのです。

東北地方有数の豪雪地である岩手県沢内村（現西和賀町）は、過酷な居住環境の改善に挑み、乳幼児死亡率ゼロを実現した生命行政の村としてよく知られています。大手建設会社の仕事で全国を歩いたH氏は、厳しい風土に負けず前を向いて生きる村の人びとを見て、押しかけ移住を決意しました。氏は雪との闘いのなかで否定されかけた風土に根ざす文化を肯定して後世に残す取り組みに着手。村人の意識を変え、地域への誇りを呼びさますうえで大きな役割を果たしました。

北海道開発技術センターが２０１４年度に国土交通省の克雪体制支援調査で試行した北海道当別町への移住体験モニターツアー（第Ⅱ部第3章③）は、雪かきボランティアなどの冬の暮らし体験をあえて組み込むことで、移住を促進するプログラムを開発しました。雪や寒さが北海道への移住の阻害要因だとされるなかで、隠すよりは積極的に見せ、体験させるほうが良いと考えたのです。その結果、除雪や雪遊びの体験が、冬の暮らしへの不安の解消や、移住後の地域との関わり方のイメージの具体化につながったと評価されました（写真Ⅲ—４）。

写真Ⅲ—４　雪かきを終え、雪遊びを楽しむツアー参加者の親子と支援スタッフ

雪国の風土や生活を肯定し、定住することを選ぶ移住者は、受け入れ側が考えるより多いかもしれません。地域に溶け込むと同時に、新たな視点をもたらし、力強い担い手になっていく。気がつけば、そういう人が身のまわりにもいるのではないでしょうか。

〈沼野夏生〉

14 受け入れ疲れ

人を助けるということは、助ける側(支援者)と助けられる側(被支援者)の関係があって初めて成立します。一見、支援行動は他者を助ける素晴らしい行動に見えますが、その支援が被支援者にとって必ずしも手放しで喜べる結果につながらない場合があります。たとえば、支援者と被支援者の間で意図せずとも生じる上下関係は、被支援者が支援者に何らかのかたちで「お返し」するなら、一時的なものです。しかし、「お返し」ができない場合、不均衡が被支援者の心の内に残り、支援者への否定的心理を生む(Walster et. al., 1978)といわれています。

除雪作業は本来、自己責任のもとで行われる暮らしの営みです。それを他者に依存して多大な労力をかけることを負い目に感じてしまう人もいます。そのような負の心理を、「お返し」することで帳消しにしようとする被支援者がいても、なんら不思議ではありません。また、「(家に)明かりが入ってきたのは嬉しいけれど、本当は屋根の雪下ろしもやってほしかった。でも、言えなかった」というように、支援を受ける立場で本当の要望を言葉にできないという葛藤も潜在しています。このような実例は、第Ⅱ部第3章[1]で紹介されている岩見沢市美流渡地区での除雪ボランティア受け入れの例からも読み取れるでしょう。

除雪ボランティアを受け入れる地域にも、葛藤は存在します。受け入れによって得られる利益に対して、受け入れ地域が負う負担のほうが大きくなったり、地域を良くするための除雪ボランティア受け入れのはずが、地域が潜在的に内包する課題をあぶり出してしまうような場合です。

美流渡地区では、除雪対象世帯の選定基準が受け入れ地域で定まっていなかったことから、ボランティア当日にもかかわらず「あの家の雪かきはしたらダメだ」と取り下げの要望が地域住民から発せられ、町内会は別の除雪対象世帯を確保するのに奔走しました。これは、地域内でボランティアを受け入れる合意形成が未成熟であることが明らかになったケースです。このようにボランティアの受け入れによって生じる葛藤を、ここでは「受け入れ疲れ」と呼びます。ただし、地域の本質的課題の顕在化は必ずしも悪いことばかりではありません。

除雪ボランティアが豪雪地帯の雪処理問題の解消や軽減に寄与する活動であることに、疑問の余地はありません。とはいえ、支援コストを極小化しつつエンパワーメントを得る支援者と、葛藤の火種が内在する被支援者との間には、非対称性があることを、除雪ボランティアのコーディネーターは意識する必要があります。コーディネーターの役割は、支援者と被支援者の間に立って、両者の気持ちの交換を円滑にすることに大きな役割があると筆者は考えるからです。

しかしながら、コーディネーター自身が葛藤をかかえることもあるでしょう。よく聞く事例は、被支援者・世帯の選定と除雪範囲をめぐる悩みです。「どうしてあの家の除雪をして、うちはしてくれないの？」という不満の声が出ることがあります。でも、地域事情を熟知しているとは限らないコーディネーターは、その声に対する答えを持ち得ないのです。「雪で困っている人がいるかぎり、全力を尽くしたい」という支援者の想いの実現と、「ボランティアに過度な作業量や危険な作業をお願いできない」という相反するベクトルをどう調整するか。コーディネーターは葛藤することになります。

これらの葛藤の解消には、受け入れ地域との綿密なコミュニケーションや周到な事前交渉をお勧めします。つまり、地域側の要請を受けとめつつも、応えられる範囲を調整して合意を形成することで、当日になってからの混乱を可能なかぎり排除するように、あらかじめ準備しておくのです。地域事情をよく知る受け入れ主体（町内会や社会福祉協議会など）との役割分担をすれば、ひとりで葛藤をかかえこむこともないでしょう。

このことは、被支援者の把握や事前調整を実施主体が行う過程の経験によって、地域の主体性向上につながるという副産物も期待できます。第Ⅱ部第3章1の事例をもう一度取り上げると、町内会でのヘルメットの購入や女性陣たちによる炊き出しの提供などは、ボランティアを円滑に受け入れる体制づくり（受け入れ訓練）でもあるのです。

除雪ボランティアに関わる人びとのそれぞれの葛藤を少しずつ擦り合わせていくことで、「受け入れ疲れ」は「受援力」に転換されていくのです。

〈小西信義〉

15 ソーシャル・キャピタルと労力交換

農山村では古くから、助け合って作業すること、つまり労力を貸し合うことが基本で、当たり前でした。それは、農山村の基盤たる生業《なりわい》である農業を成り立たせるために不可欠な土地、水路、道路などの「地域資源」の管理が個人単位ではできないことの裏返しでもあります。地域資源の共同管理のためには多くのコミュニケーションが必要で、これが農山村の強固なコミュニティを形成したのです。そして、コミュニティでの円滑な生活を下支えする互恵の精神、住民間の信頼関係など人びとのつながりが蓄積されてきました。

これらはアメリカの政治学者ロバート・パットナムの言葉に従うと、「社会関係資本（ソーシャル・キャピタル／以下ＳＣ）」と呼ばれます。農山村における目に見える具体的活動としては、伝統的な結《ゆい》や手間替えがありました。ヨイコ（秋田県など）やユイマール（沖縄県）など地域によって呼び方はさまざまですが、田植えや稲刈りなどの農繁期に複数の家が組んで同じ人数の労働力を同じ日数だけ互いに提供し合って同じ作業を行います。こうした労働力の等量交換に、結の特色がありました。しかし、農業の近代化が進められるなかで、このような共同体的諸関係は解体していきます。

一方、今日の地域福祉の分野で注目されている言葉は自助、互助、共助、公助です。

自助は、自らの力で自らの生活を支えて維持していくことです。公助は、個人やコミュニティでは解決できない問題に対して公的機関が提供する支援と定義されます。

これに対して、互助と共助の定義はやや曖昧です。互助はコミュニティの助け合いやボランティアなどの相互扶助、共助は社会保障のような制度化された相互扶助と区別されることが多いようです（地域包括ケア研究会、２００９）が、実際にはコミュニティでの助け合いやボランティアなどの意味で共助が用いられることも多く、両者の区別はしにくくなっています。共通点は相互扶助であり、ボランタリーなものであるのか、暗黙のルールも含めて制度化されているものであるのかは、明確に線引きができるものではなさそうです。

地域における相互扶助は、基本的には血縁関係ないしは地縁関係のあるコミュニティの中で完結してきました。たとえば第Ⅱ部第4章①で紹介した山形県鶴岡市三瀬地区では、親戚付き合いや近所付き合いという範囲、そして自治会というコミュニティ内でのボランタリーな相互扶助という形で、雪かきが行われてきました。

　SCに関する調査結果からも、農山村のSCは都市と比べ、近所付き合いの程度、地縁的な活動への参加状況などは上回る一方、ボランティア、NPO、市民活動については下回っていることから、地縁的なつながりなどの結合性が強く、外部との橋渡しは都市に比べて弱い傾向が明らかです。農山村のSCは「結合型」（表Ⅲ―2）と理解されていますが、今後の維持・向上のためには橋渡し型の取り組みも重要であると指摘されています（農村におけるソーシャル・キャピタル研究会・農林水産省農村振興局、2007）。それを地域間の相互扶助に展開してみようとしたのが「労力交換」の発想です。

表Ⅲ―2　ソーシャル・キャピタルの類型

性質	結合型（例：民族ネットワーク）	橋渡し型（例：環境団体）
形態	フォーマル（例：PTA、労働組合）	インフォーマル（例：バスケットボールの試合）
程度	厚い（例：家族の絆）	薄い（例：知らない人に対する相槌）
志向	内部志向（例：商工会議所）	外部志向（例：赤十字）

（出典）内閣府国民生活局『平成14年度内閣府委託調査ソーシャル・キャピタル―豊かな人間関係と市民活動の好循環を求めて―』18ページ。

　地域をまたぐ場合、互恵の精神、住民間の信頼関係などの社会関係資本は、コミュニティ内のそれよりも一般的に弱いため、貨幣などを介してサービスが供給されるのが主流でした。一方、労力交換の発想は、雪かきに代表されるような「地域課題を主体的に克服する」という地域づくりの基本的な発想や実践の共有から得られる地域同士の社会関係資本を活かして、地域をまたいだ新たな相互扶助を行う画期的な取り組みといえるでしょう。

　人口減少なども影響し、現代の農山村コミュニティ内のSCは昔ほど強固ではありません。したがって、それにのみ依拠した相互扶助も困難になってきているのです。一方、農林水産省がSCの維持・再生から農業・農村振興政策にひとつの方向性を求めるなど、SCそのものは今日の社会に求められています。改めて相互扶助を基盤とする共助や互助を展開するうえで、地域をまたいでの労力交換という発想は今日的なひとつのモデルとなり得るのではないでしょうか。

〈筒井一伸〉

16 地域通貨

ここでは、特定の地域や集団の中で流通する、原則として円やドルなどの法定通貨との互換性がない通貨(価値交換の媒体)を地域通貨と規定します。広い意味では、地域の商店街が発行する商品券なども含まれます。独自の名前をつけた紙幣がよく使われますが、帳簿やパソコン上で決済するものもあります。発行主体は主に市民団体です。

欧米の地域通貨は、経済のグローバル化に対抗して地域内経済循環を回復させるための手段という性格が強いようです。たとえば鉱山の閉鎖などによって地域産業が衰退し、経済活動が不活発になった地域で、地域通貨を発行して地場資源の地域内流通を促し、自給自足を推進するような取り組みが、1980年代から進められました。

日本では2000年前後から地域通貨の導入がブームになりました。欧米のように地域経済の活性化を狙ったものもある一方、経済的な意味での交換の対象になりにくい、善意によるサービスのやりとりに傾斜していたのが特徴です。当時「エコマネー」という呼称がよく使われたように、失われたコミュニティの復活につながる支え合いの関係を地域に再構築するための「あたたかい」お金としての働きが地域通貨に期待されました。人と人とをつなぐ交流の媒体としての役割、一定の価値観を伝えるメッセージ性に、多くの期待が寄せられたともいえます。

国内の現状はどうでしょうか。ウェブサイト「地域通貨全リスト」によれば、2017年4月現在677件の地域通貨が記載されています。ただし、総務省が地域再生施策の一環に取りあげた2000年代中頃以前の発足が多く、今ではサイトにつながらないものが目立ちます。減少しているのは確かなようです。それでも、地域通貨による雪国の地域づくりの取り組みには、参考になるヒントが多く含まれています。いくつかの事例をみましょう。

2000年に開始された北海道栗山町の「クリン」は、町民が提供できるサービスを登録し、そのサービスを求める町民が提供者に支払う地域通貨でした。時期を限って町内に試験流通させ、もらったクリンは町内の協力商店で買い物に使えるようにしました。

第1回の実験では、除雪、排雪、雪下ろしがそれぞれ1位、2位、9位を占め、合計105件に達しました（地域メディア研究所）。除雪ニーズがきわめて多く、地域通貨がその充足に大きく貢献したことが分かります。さらに注目されたのは、ボランティアの双方向性を促進する可能性です。除雪や雪下ろしを頼むのは、おそらく高齢者世帯でしょう。ともすれば一方的なサービスの受け手となりがちな高齢者が、「子どもの世話」「料理指導」など、他者のためにしてあげられるサービスを掲げることで、社会参加に道を開く可能性がみてとれるのです。

除雪ボランティア活動と地域通貨を結びつけた事例もみられます。国土交通省の克雪体制支援調査では、2013年に採択された北海道北見市の「とむての森」が、除雪作業に参加した学生ボランティアに金券を配り、軽食堂で使えるようにした例がありました。また、岩手県西和賀町では地域通貨「わらび」（写真Ⅲ－5）を町外から訪れたボランティアに配付し、町内の商店で使えるようにしました。筆者も以前学生と除雪支援にうかがい、町の食堂で使わせていただいたことがあります。いわば準有償ボランティアと地域内流通促進を結びつけたアイデアです。

写真Ⅲ－5　西和賀町の地域通貨「わらび」の表面と裏面

このほか秋田県横手市の「南郷共助組合」は、有償ボランティアで実施している雪下ろしなどの共助活動に対する報酬の一部を地域商店限定の通貨（マイド券）として支払い、買い物難民となった11戸の高齢者世帯を支えるために地域唯一の商店を存続させようとしています（秋田県南NPOセンター）。

このように、地域通貨は今でも工夫しだいで雪の積もる地域の地域づくりに活用できる可能性を大いに持っているのではないでしょうか。

〈沼野夏生〉

17 自治体間の防災協定

大規模・広域的な災害に適切に対応するために、異なる自治体間で応援したり受援したりすることは有効です。そのためには、平時から災害時を想定した広域応援体制を確立しておく必要があります。非常時の応援要請の手続き、情報連絡体制、災害現場における指揮体制などの諸般にわたる項目について、自治体間であらかじめ協議し、協定として締結する動きが進んできました。支援相手が決まっているので、協定自治体間で日頃から交流しておけば、イザというときに円滑に支援できます。

1995年の阪神・淡路大震災、2004年の中越地震を契機に、全国の自治体で協定締結が広まり、11年の東日本大震災で加速しました。2017年4月1日現在、都道府県間で45の協定があります。市町村間で協定を結んでいる自治体は1698団体と、実に全市町村の97・5%です（消防庁、2018）。

「豪雪災害」を想定する際、協定自治体がともに雪国である場合と、雪国と非雪国である場合とでは、対応状況が異なります。

前者は、豪雪時に必要なスキルや経験が双方に蓄積されており、相互応援もスムーズに進むでしょう。ただし、それは片方の自治体だけが豪雪に見舞われた場合に限られます。豪雪の範囲が広域にわたれば（たとえば日本海側一帯、北陸全体など）、応援する余裕はありません。

後者は、どうでしょうか。最近は豪雪地帯でない地域が短期集中降雪に見舞われ、雪に不慣れな地域ゆえに大きな被害になるケースがしばしば起きています。この場合は、雪国自治体からの応援が有効です。

2014年2月の関東甲信大雪の際、新潟県上越市は災害時応援協定を結ぶ山梨県甲府市からの要請により、除雪車両と市職員および民間の除雪業者を派遣。幹線道路の除雪、孤立集落解消のための道路除雪を行いました。新潟県柏崎市も災害時応援協定を結ぶ前橋市の要請を受けて、除雪ドーザ（前方に取り付けた大きなプレードで道路上の積雪を押し出す車両）と運転要員を派遣しています。

逆に、雪国の自治体で豪雪災害が発生し、非雪国の自治体が応援するケースは、現状ではあまりみられません。しかし、人口減少と高齢化の先進地である豪雪地帯では、雪に慣れてはいても、豪雪に見舞われたときの被害は深刻化しています。非雪国の自治体が不慣れな除雪作業を手伝うのではなく、たとえば行政業務や事務作業を手助けすれば、受援自治体は復旧（除雪）作業に注力できるでしょう。

　筆者は2007年に始まった越後雪かき道場（第Ⅱ部第5章[1]）で、素晴らしい光景を目にしました。2013年2月、富山県南砺《なんと》市（旧平《たいら》村）で開催されたときです。

　愛知県半田市の行政職員が団体で参加していました（越後雪かき道場、2013）。実は半田市と旧平村は、1986年から子どもたちへの雪のプレゼントや山村—都市間交流を続けており、南砺市の誕生以降も継続していたのです。そして東日本大震災の教訓もあり、2011年7月に遠隔の友好都市同士で「半田市・南砺市災害時相互応援協定」を締結。これが契機となり、雪国ではない半田市職員が冬に雪国である南砺市を訪れ、雪かきのスキルを学び、地域住民との交流を図ってきました（写真Ⅲ—6）。さらに感銘を受けたのは、半田市の職員が公務ではなく、一個人として参加していたこと。皆さん楽しみにしていました。このような自治体職員の姿勢こそ、災害時に相互応援を行ううえで最も大事です。協定締結はそのきっかけであってほしいと思います。

　雪国各地で盛んな雪国体験交流の取り組みは、非雪国の人たちにとって豪雪災害を疑似体験する機会にもなります。雪国と非雪国の自治体間の広域防災応援協定は、知恵と工夫しだいで、災害時のみならず平時の双方の地域づくりにおいてもいろいろな価値を生み出す可能性があるのです。

〈諸橋和行〉

写真Ⅲ—6　都市間交流を結ぶ愛知県半田市の行政職員たちが南砺市平地区の神社参道を除雪（2013年2月）

18 民間の防災協定

自治体が企業などの民間と協定を締結する動きも活発化しています。大規模災害の被災自治体が被災していない自治体から応援を受けたとしても、行政には得意・不得意があり、災害対応には限界があります。したがって、不得意な部分を補える民間との協力体制の確立は、応急的な被災者支援や災害復旧においてきわめて有効です。

都道府県の災害時における民間との応援協定の締結状況をみると、２０１７年4月1日現在、47都道府県のすべてにおいて、放送協定、救急救護協定、輸送協定、災害復旧協定、物資協定が締結されています。たとえば報道協定を締結しているのは40都道府県です。締結を結んだ相手先は、災害復旧協定が２６４８団体と最も多く、次いで物資協定１７５４団体、救急救護協定１０６５団体となっています。

また、市町村と民間との応援協力で多いのは、物資協定（１５４３市町村）や災害復旧協定（１４５４市町村）です。そして、２０１６年度に協定に基づく応援が実施された回数は、災害復旧協定で49回、物資協定で40回、輸送協定で14回などとなっています（消防庁、２０１８）。

ここでは、ホームセンター大手の株式会社コメリを具体例として紹介しましょう。コメリは災害対策に永続的に取り組むため、２００５年にＮＰＯ法人コメリ災害対策センターを設立。２０１８年３月30日現在で、全国の都道府県・市町村と８００件以上の災害時支援協定を締結しています。同センターは支援協定締結自治体からの要請を受けると、必要な物資を必要な量、必要な場所に届けます。

豪雪災害に備えた救援物資として準備しているのは、スコップ、スノーダンプといった除雪用具はもちろん、つるはし、ハシゴ、脚立、防寒帽子、防寒ゴム手袋、防寒長靴、かんじき、融雪用ホース、散水ノズル、雪囲い用の板、風雪対策用ネット、標識ロープ、塩ビ波板、石油ストーブなど（写真Ⅲ―７）。２０１４年に雪に不慣れな関東甲信地方が記録的な豪雪に見舞われた際には、茨城県稲敷《いなしき》市に融雪剤25kg、群馬県高崎市に角スコップ３００個、屋根雪落とし20本、群馬県安中《あんなか》市に融雪剤25kgを配送しました。

写真Ⅲ―７　新潟市の流通管理センターに備蓄されている災害復旧用品

民間企業同士の防災協定の締結も始まっています。近年、民間企業は、自然災害や事故などの緊急事態が生じたときに、被害を最小限に抑えつつ素早く事業の継続・復旧を図るため、事業継続計画（ＢＣＰ：Business Continuity Planning）の策定を進めてきました。大企業においてはもはや必須事項です。この事業継続計画に基づいて結ぶ、バックアップシステムの整備、バックアップオフィスの確保、生産設備の代替などを目的とした民間企業相互の防災協定は、とくに物流に甚大な影響を受けやすい豪雪災害の際に、有効に機能すると考えられます。

今後、注目したいのは草の根レベルの防災協定です。自治体単位ではなく、地区・町内会の単位で協定を結ぶ動きで、たとえば２０１０年８月に、山形県尾花沢市鶴子《つるこ》地区と仙台市宮城野区福住《ふくずみ》町町内会は、「災害時相互協力協定」を締結しました（第Ⅱ部第３章②）。災害時に備えて、ふだんから訪問や交流を重ねて親睦を深めていこうという主旨です。

協定締結以降は毎年のように、福住町町内会会員が鶴子地区に行って高齢者宅の雪かき活動を手伝ってきました。東日本大震災の際には、鶴子地区の住民が福住町町内会に救援物資を届けるなどの活動にもつながっています。

自然条件や災害特性が異なる地域だからこそ、助け合える関係性を構築する意味があるのです。また、この事例の特筆すべき点は、災害時の想定によって、平時の地域間交流に新たな価値が生まれ、結果として地域づくりに寄与していることです。地域防災が目指すひとつの姿がここに表れているといえるでしょう。

〈諸橋和行〉

19 流雪溝とその運営

流雪溝とは、流水の力で除雪した雪を流し去る機能を持つ水路です。流水で雪を融かす融雪溝や消融雪溝とは異なり、十分な流速と流量が必要となります。昔から雪国では雪処理に水が有効なことが経験的に知られ、流量が大きい用水路などは事実上の流雪溝として使われてきました。

近代的な技術としての流雪溝は昭和初期に国鉄の技術者が発案し、雪国の駅や操車場に設置されて、構内の除雪に威力を発揮したのが始まりとされています。市街地の除雪のために計画的に設置されるようになったのは、高度経済成長期以降です。車社会になって都市内の道路除雪が強く求められたことを背景に、1964年には国の「雪寒事業」で制度化され、急速に普及しました。2005年には国庫補助分の総延長で1636キロに達し（国土交通省、2013）、市街地の雪処理に欠かせない存在になったのです。

普及と相まって、雪がつきにくい表面処理、詰まりを防ぐための形状や構造、小さな力で開閉できる蓋などの技術的な進歩がありました。しかし、流雪溝には独特の社会的性格があり、技術的対応だけでは解消できない課題があることも浮き彫りになってきました。

人びとが勝手気ままに投雪すると流雪溝はすぐに詰まり、水が周囲にあふれます。個人の行動が全体にはね返るという意味で、投雪者の配慮と社会的な統制が必要です。流雪溝は道路（公）の雪も宅地（私）の雪もともに受け入れる施設であり、公的な除雪の補完をしながら住民が協力して使うものです。公と私に明白に区切られることの多い市街地にあって、数少ない「共」の領域といえるでしょう。こうした性格から、地域による管理運営体制の確立が、流雪溝の効果を十分に発揮し、安全を担保するうえで不可欠なのです。

秋田県横手市では、流雪溝のこのような特性を逆手にとり、雪は「コミュニティ培養の効果をもたらす『恵み』」（恩田、1981：114）だとして、流雪溝を住民参加のまちづくりのきっかけにしようと試みました。その方法は次のようなものでした。

流雪溝を設置する前に学習や話し合いをとおして地域住民に組織化の必要を意識させ、その結果管理組合が発足したところから流雪溝を整備していく。まさにソフト先行の進め方でした。

　時代が変わり、近年では過疎化・高齢化や世帯の小規模化が進み、流雪溝の機能が十分発揮できないケースが増えています。空き家や空き店舗の増加、投雪が困難な高齢者世帯の増加、そして指定された利用時間に家族が不在なため投雪できない世帯の増加。こうした理由から流雪溝への投雪が滞る区間が多くなり、道路や歩道の除雪が行き届かない事態が生じるようになりました。

　第Ⅱ部第4章[3]で紹介した北海道苫前町《とままえ》の「苫前町まちづくり企画」は、このような背景から機能不全に陥った流雪溝の問題をきっかけに、古丹別《こたんべつ》地区の住民有志が結成した組織です。今後の流雪溝のあり方を考えるとともに、地域づくりにも幅広く取り組もうとしています。町外からボランティアを募り、流雪溝の機能回復と投雪に加えて、体験観光や町民との交流を組み込んだツアーを実施。流雪溝を維持・活用する担い手の不足を補うとともに、地域間交流の拡大による地域再生につなげようとしてきました。流雪溝の問題を逆手にとった地域づくりへの取り組みは、横手市と通じるものがあります。

　流雪溝をめぐるもうひとつの問題は、転落事故の危険です。水路などへの転落による人身事故は昔から多いのですが、以前は子どもの事故が主だったのです。しかし、最近は高齢者が増え、除雪中に流雪溝に転落する例が多くなりました。

　第Ⅱ部第4章[1]で紹介した「日向コミュニティ振興会」は、高齢者が流雪溝を兼ねる水路に落ちて死亡した事故をきっかけに、水路地図づくりに取り組みました。そこから先人たちが水を治め、灌漑用水や流雪溝をつくりあげ、暮らしと生業に活かしてきた姿が浮き彫りになります。地域に残る資産を知り、その価値に対する認識を共有することから、これからの地域づくりに向けた一歩を踏み出すことになったのです。

　流雪溝をめぐる課題への取り組みは、地域づくりの課題へと広がっていく必然性を持っているのかもしれません。流雪溝や水路は暮らしに深い関わりを持つと同時に、地域の時間と空間をつなぐ共同の資源でもあるからです。

〈沼野夏生〉

20 課題解決と主体形成

課題解決という言葉があります。課題を設定し、解決策を探して実行し、良い解決策はお手本となって周囲に波及します。実に合理的かつ効果的です。世の中を良くする万能薬に見えます。図Ⅲ―10上のように課題解決サイクルでは、課題を出発点とし（A）、その解決策を模索して実行し（B）、それが成功モデルとなって仕組み化されます（C）。想定外のことが起きたり適合しない対象に直面したりして、有効だった（はずの）対策が陳腐化する（D）と、次なる課題（A）が設定されます。

これに対して筆者は、人を中心におく主体形成サイクル（図Ⅲ―10下）を提案してきました。課題の顕在化（A）は同じですが、次の段階は課題の自分事化（B）です。過疎化・高齢化・人口流出による地域の衰退のように、唯一の正解がなく、かつ主体が住民である課題に対しては、他人事でなく自分事であるという認識がないかぎり、前には進みません。

次の段階は、課題の本質の理解（C）です。果たして、人口減少が問題の本質なのでしょうか。衰退していく地域の現実に目をつぶり、問題が起きれば他人事のように役所に陳情し、地域を持続していくんだという覚悟はなく、行動を起こすこともない。自分の生まれ育った地域に誇りを持てず、こんな不便な地域に未来はないと自虐的に自らを語る。本当の問題はそこにあったのではないでしょうか。

（C）の段階を乗り越え、（D）では他者による支援を

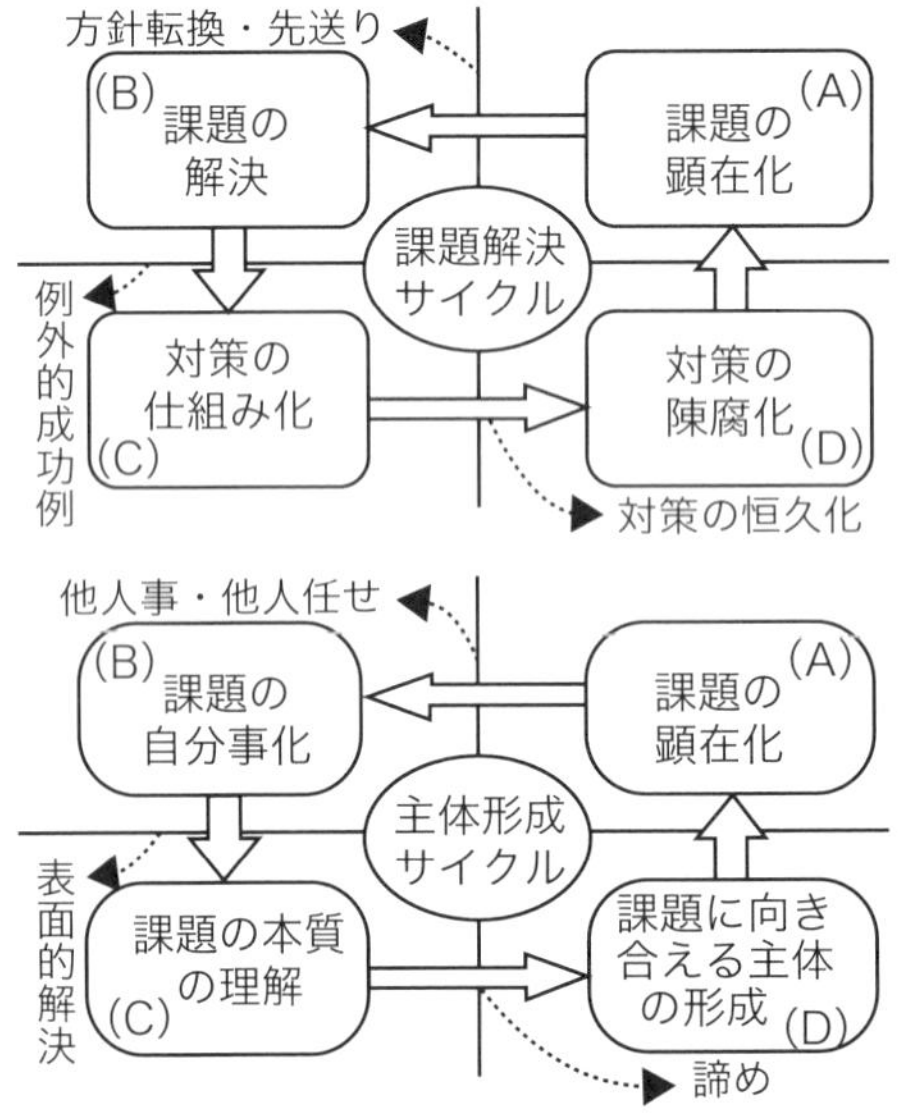

図Ⅲ―10　課題解決サイクルと主体形成サイクル

得たり、公的助成を活用したり、他地域に学んだりしながら、たとえば「地域の存続」という本質的課題に向き合い、次なる課題（A）へと戻ります。

雪かき道場の事例（第Ⅱ部第5章①）に照らしてみましょう。「過疎化・高齢化に伴う雪かきの担い手不足」が背景で、「除雪の担い手確保」が課題として設定されました。担い手として「ボランティアの活用」という解決策が示され、ボランティアのスキル向上と地域の受援力向上のための課題解決策として雪かき道場が企画され、実施されます。

しかし、振り出しに戻って考えると、雪かき道場は必ずしも除雪の担い手確保にはなっていません。遠方から参加して研修を受けたボランティアは、雪国の日常を支える支援者にはなり得ないからです。それでも、ボランティアを受け入れる雪かき道場という機会を通じて、地域は雪の問題を自分事化し、本質的課題を認識して共有するようになります。その結果、地域という主体がボランティアを受け入れる力、すなわち受援力を獲得するようになるのです。

雪かきボランティアツアーや雪はねツアーを契機に移住者が現れた（第Ⅱ部第3章①、③）ケースでも、地域という主体が懸命に地域の消滅に抗おうとする意識へと変化したことが、地域の魅力を高め、移住者を誘引したとみてもよいでしょう。そこから、主体形成サイクルの自分事化と本質理解にアプローチする様子がみえてきます。

一方、行政主導の場合には課題解決サイクルのみが遂行されがちです。主体形成サイクルの（A）（B）の段階は、成果が相当の期間みえてきません。予算付けする根拠も説明しにくいでしょう。（C）（D）の段階に移っても、当初計画したアウトプット（予期された結果）が出てこない可能性もあります。アウトプットのない計画はまったく評価されませんし、予算の無駄遣いと社会から批判を浴びるかもしれません。

でも、アウトカム（期せずして現れた結果）が生まれ、目に見えるようになると（メディアで取り上げられるなど）、後付けで良い取り組みとして評価されるようになります。雪かきボランティア受け入れをきっかけに育つ地域の事例が多いのは、この主体形成サイクルが回り始めた結果であると考えています。

〈上村靖司〉

21 人身雪害リスク

平成18年豪雪では、全国で152名が雪に関わる事故で命を落としました。これは1963年1月の豪雪、いわゆる38豪雪の221名(行方不明者を含む)に次ぎ、133名の死者と19名の行方不明者を出した56豪雪と同数です。

ただし、このような被害は記録的な豪雪の年に限ったことではありません。大雪といわれる冬には、全国で100名規模の被害者を数えています。これが他の災害に比べて多いのか少ないのか。百年に一度、あるいは千年に一度といわれるような災害と危険性を比較するには、どうすればよいでしょう。

人が危険に遭う可能性やその度合いを示す「リスク」という指標があります。たとえば2017年に交通事故で亡くなった3700人を総人口で割ると、10万人あたり年間3・1人のリスクです。平成18年豪雪の死者数152人を豪雪地帯の人口1500万人で割ると、10万人あたり10・1人。交通事故の3倍以上のリスクであることが分かります。さらにいえば、雪害が起きているのは一年間のうち3カ月ほどですから、交通事故と比べるには4倍しなくてはなりません。つまり、雪害は交通事故の13倍ものリスクがある、ということになるのです。

人に被害が及ぶ雪害を人身雪害と呼びます。被害の大半は除雪作業中に発生します。そのため、交通事故よりは工事現場などで起きる労働災害と比べるほうがリスクの程度が理解しやすいでしょう。死亡だけでなく負傷も含めて、雪に関わる事故や災害に遭遇するリスクを労働災害と比較すると、豪雪地帯の道県では20倍以上になると報告されています(上村ほか、2015)。したがって、労働災害なみのリスクにするには、少なくとも事故に遭う人数を20分の1にする安全対策を充実させなくてはなりません。

人身雪害件数の内訳をみると、約7割は屋根やハシゴといった高所からの転落事故です(図Ⅱ―11)。屋根からの落雪事故(北海道・東北地方で第2位)や除雪機(新潟県で第2位)に関わる事故が、それに続きます。そのほか、水路への転落や、転倒、雪崩、発症、CO中毒、行き倒れ、倒壊建物の下敷きなどがあります。これらのうち死亡事故につながりやすいのは、水路へ

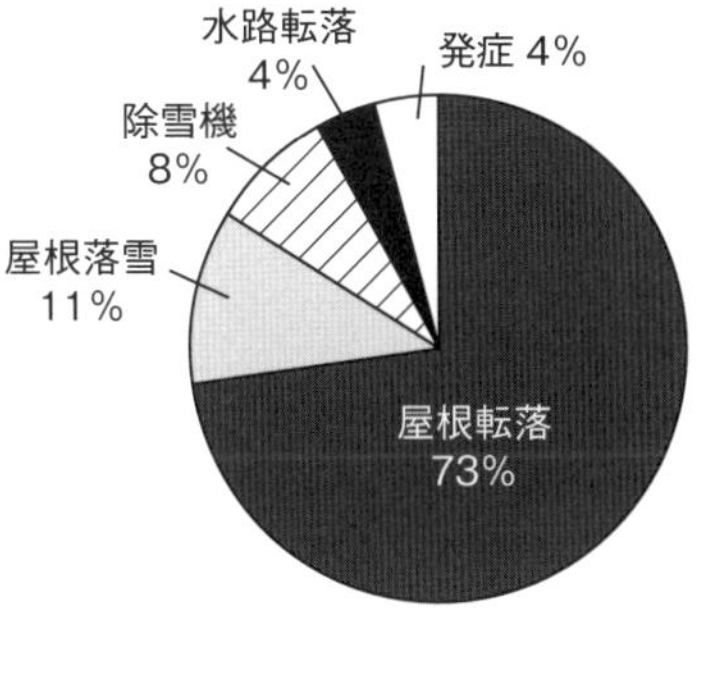

（出典）大雪に対する防災力の向上方策検討会「大雪に対する防災力の向上方策検討会報告書―豪雪地域の防災力向上に向けて―」（2012年、42〜43ページ）をもとに筆者加工。

図Ⅲ―11　除雪作業中の事故による死者・重傷者の内訳（2010年度）

の転落と発症です。発症は心疾患が多く、いわゆるヒートショックが主たる原因であると考えられており、高齢化の進展とともに近年、増加傾向にあります。

最も件数の多い高所からの転落事故は、雪下ろしを必要としない住宅（克雪住宅）が着実に普及しているのに、減るどころか増加傾向です。強度不足の車庫や小屋など付属施設での事故、強度十分で雪下ろし不要なはずの建物での事故、建て替える経済力のない高齢者宅での事故、ふだん雪の少ない地域で大雪となり慣れない雪下ろし作業中の事故など、原因も多様化しています（安全対策については第Ⅲ部㉒参照）。

一口に雪害といっても、豪雪地帯で起きるものと非豪雪地帯で起きるものは様相が異なります。豪雪地帯で多い人的被害が高所からの転落、屋根からの落雪、除雪機であるのに対し、非豪雪地帯ではＣＯ中毒、行き倒れ、倒壊建物の下敷きです。２０１４年の関東甲信大雪では群馬県で11名の死者を数え、ＣＯ中毒、行き倒れ、倒壊建物の下敷きが大半を占めました。２０１８年２月の北陸豪雪では、福井県だけで12名が亡くなり、うち５名が転落、次いでＣＯ中毒が３名ですから、両方の特徴といえます。重傷25名、軽傷79名の内訳をみると、転落事故が大半を占めました。雪下ろしの目安である１メートルを超え、久しぶりに屋根に上がって転落したのでしょう。

豪雪地帯の雪に関わる事故のリスクは、大きく低減させなくてはなりません。また、非豪雪地帯での突発的な大雪災害や、北陸地方のような中間的地帯での大雪災害についても、経験を踏まえて一つひとつの原因を分析しながら、適切な対策をしっかり進めていかなければなりません。

〈上村靖司〉

22 除雪安全対策

凍結路面などでの交通事故を除けば、雪に関わる人的被害の7～8割は除雪作業中に発生しています。除雪作業には、雪の重さで家が壊れないように屋根から雪を下ろす、次の雪下ろしに備え家の周囲の雪を片付ける、ふさがれた窓から採光できるよう雪を取り除く、などがあります。そのほか、軒先にできた氷柱《つらら》や雪庇《せっぴ》を落としたり、車庫や車に積もった雪を下ろすのも除雪作業です。

人身雪害の原因の第1位は、地域を問わず雪下ろし作業中の転落事故です（第Ⅲ部21参照）。落雪事故も住宅周りの除雪中に屋根から落ちてきた雪に巻き込まれる、脆くなって落ちてきた雪庇に埋まるなどですし、除雪機の事故も水路への転落も雪を捨てる作業ですから、人身雪害の大半は除雪作業中に起きています。そして、仕事としての除雪作業中よりも日常的な除雪作業中に多いことにも注意しなければなりません。

それぞれの原因に対して適切な安全対策が必要です。ここでは最も件数の多い高所からの転落事故に目を向けて、安全対策を紹介しましょう。ここでいう高所には、一般の住宅やビルだけでなく、車庫、小屋、農機具小屋などの付属屋も含まれます。また、最近の研究によれば転落事故の約半数はハシゴに関係する事故です（上村・増田、2016）。

一般に2メートル以上の場所での作業を「高所作業」と呼び、労働衛生安全規則で安全対策が義務づけられています。ところが、かつて建物の周囲は雪で覆われ、万一転落しても重大な事故にならなかったという経験や慣例から、安全対策はいまだ軽視されています。転落防止対策といっても、工事現場のように足場を組んだり安全網を張り巡らしたりするのは費用がかかりすぎるので、命綱を使うのが最も現実的な解決策です。しかし、新潟県が2013年に行った調査（新潟県、2013）で「命綱を使ったことがある」と答えた人は5％に満たず、普及はまったく進んでいません。

何が問題なのでしょうか。筆者らが長岡市内で行ったヒアリング調査の結果を整理してみると、普及に向けた3つの課題に分けられました（図Ⅲ―12）。

①については、越後雪かき道場（第Ⅱ部第5章1）が企業と共同で開発した雪下ろし用安全帯を大手ホーム

センターで購入できます（写真Ⅲ―8左）。

②については、魚沼市建築組合と共同で開発したアンカー（屋根に命綱を結ぶ金具、写真Ⅲ―8右）の施工事例が、新潟県のホームページで紹介されていますし（新潟県、２０１７）、自治体によってはアンカー設置の補助金制度もあります。

③についても、各地で毎年講習会が開催されるようになってきました。また、意外と多いハシゴ事故に対しては、雪下ろし作業に適した機能を追加した新しいハシゴが開発されて、販売が始まりました（第Ⅱ部第5章[1]）。

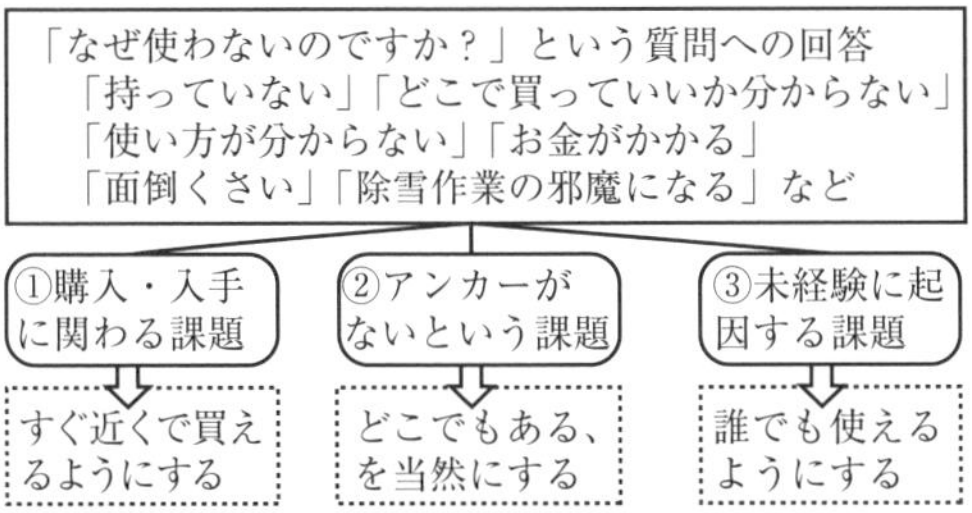
「なぜ使わないのですか？」という質問への回答
「持っていない」「どこで買っていいか分からない」
「使い方が分からない」「お金がかかる」
「面倒くさい」「除雪作業の邪魔になる」など
①購入・入手に関わる課題
②アンカーがないという課題
③未経験に起因する課題
すぐ近くで買えるようにする
どこでもある、を当然にする
誰でも使えるようにする

図Ⅲ―12　命綱を使わない理由に関するヒアリング結果およびその分類と対策

とはいえ、こうした安全対策や技術の普及はまだまだです。普及率を上げるために、アンカー設置に対する補助金制度の普及・拡大、安全性の高い新技術・新製品の紹介、除雪安全講習会の普及や安全指導できる専門家の育成など、官民あげて安全対策の普及に努める必要があります。さらに、自動車のシートベルト義務化が交通事故を激減させた実績にならい、屋根雪条例で雪下ろし安全対策を義務づけるなどの法整備が有効ではないかと、筆者は考えています。

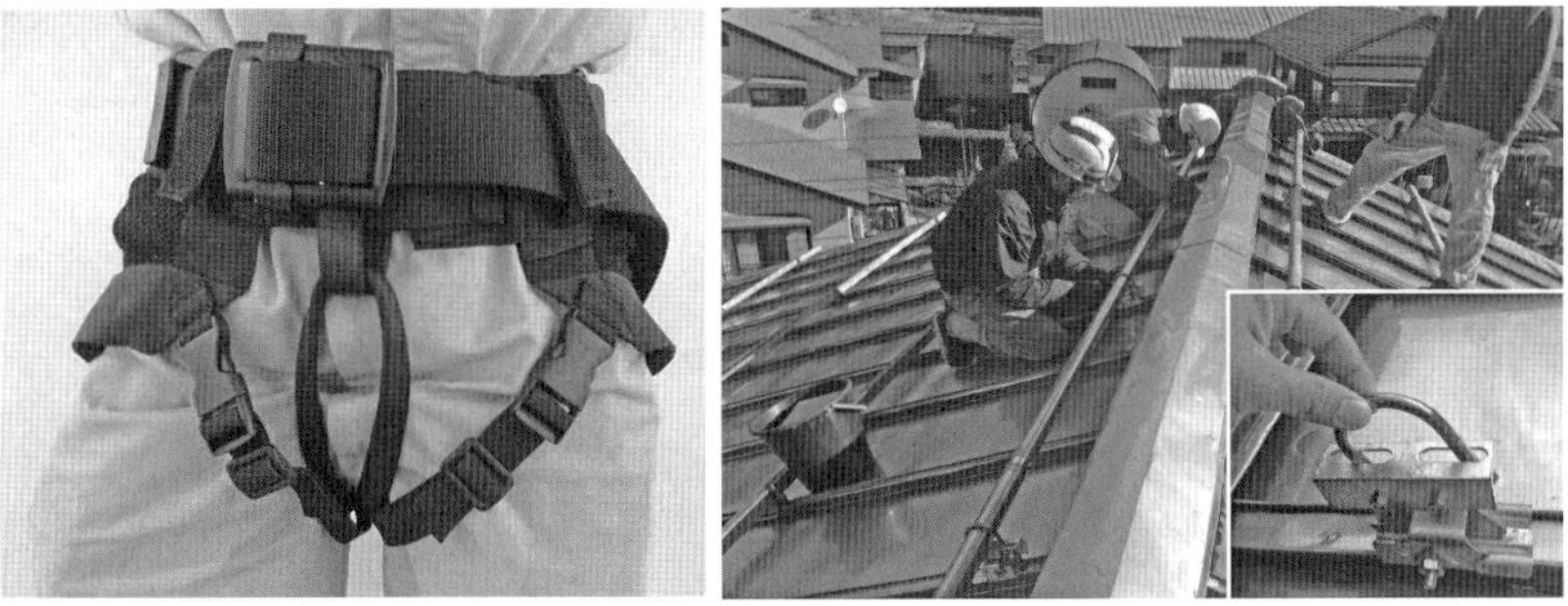

（出典）新潟県「雪降ろし作業用具（安全帯、命綱、アンカー等）の入手、使い方について」（2016年）をもとに筆者加工。

写真Ⅲ―8　除雪用安全帯（左）と屋根アンカー（右）

〈上村靖司〉

23 企業の社会的責任（ＣＳＲ）

ＣＳＲ(Corporate Social Responsibility)とは、企業が利益を追求するだけではなく、企業が社会へ与える影響に責任を持つとともに、利害関係者に対して適切な意思決定をする責任のことを指します。

日本における取り組みは、２００３年に日本経団連が「社会的責任経営部会」を設置し、社会的責任経営のあり方を総合的に検討したのが始まりといわれています。２００３年は後に「ＣＳＲ元年」と呼ばれ、以後は各企業がＣＳＲに特化した部署を置くようになりました。さらに、２０１０年にはＩＳＯ(国際標準化機構)が「社会的責任に関する手引き「Guidance on Social responsibility」(ISO26000)を策定。企業のみならず、政府・学校・ＮＧＯなど多様な組織に対して、社会的責任が期待されるようになりました。

企業の存在意義は、利潤の追求や株主価値の最大化だと認識されてきました。しかし、食品会社の偽造ラベル問題や自動車会社のリコール隠しなど、目先の利益を上げるための消費者に対する不誠実な行いが社会の厳しい批判にさらされ、事業継続が困難となる企業も生じています。利益を生み出せる企業が「良い(善い)企業」とは必ずしもいえない社会となってきたのです。

そして現在では、企業価値の向上のひとつに自社に対する消費者の評判を高めようとする経営手法(レピュテーション・マネジメント)があります。消費者の自社への信用度・信頼度を高め、他社製品との差別化を企図する手法です。そのひとつとして、ＣＳＲ活動に取り組む企業が増えてきました。こうした背景もあり、ＣＳＲや共有価値の創造(ＣＳＶ)を経営方針に掲げる企業が散見されるようになってきました。

ＣＳＲには、コンプライアンス、倫理実践、社会貢献の３つのフェイズがあるといわれています。コンプライアンスとは、企業が法令を守ることです。倫理実践は、法令の背景にある基本の考え方まで主体的に理解し、実践しようとする一歩踏み込んだコンプライアンスを指します。さらに積極的に、寄付行為や市民活動団体への協賛といった社会貢献活動もＣＳＲに位置づけられます。

しかし、寄付行為や市民活動団体への協賛といった

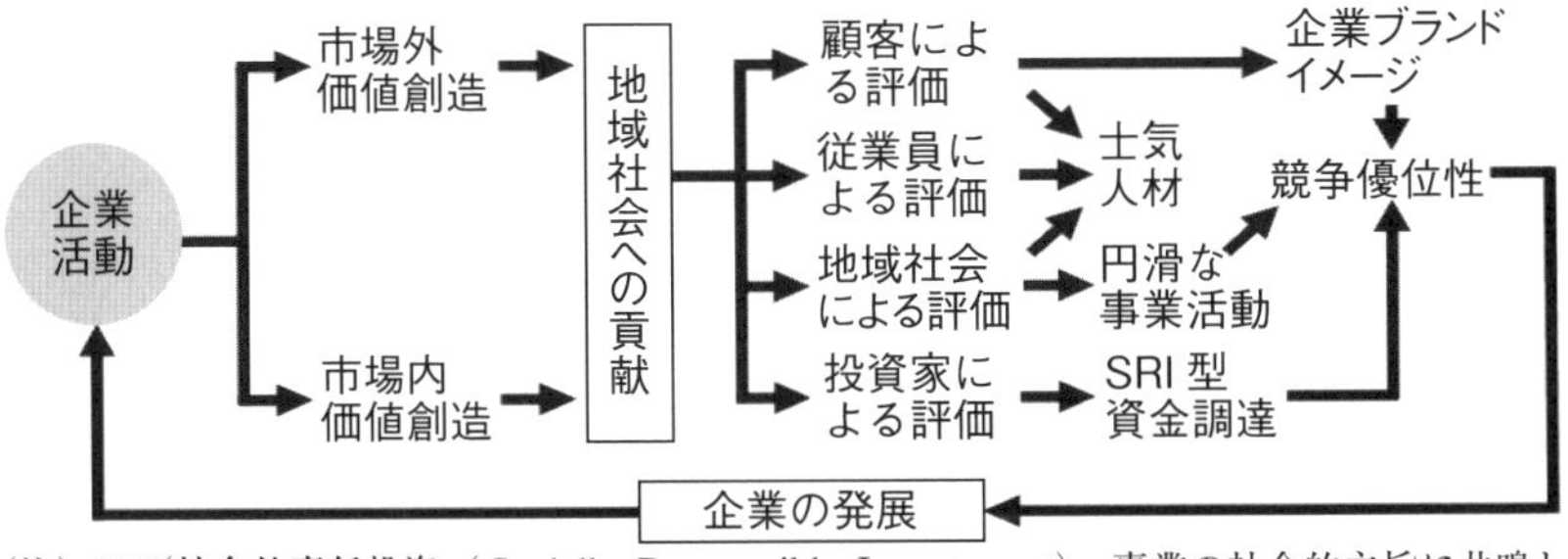

（注）SRI（社会的責任投資／Socially Responsible Investment）。事業の社会的主旨に共鳴した投資のこと。
（出典）小野桂之介「地域社会に貢献する経営」高巖＋日経CSRプロジェクト編『CSR　企業価値をどう高めるか』日本経済新聞社、2004年、207ページ。

図Ⅲ—13　地域社会への貢献から期待されるメリットとその促進

善行的ＣＳＲは企業体力に影響することもあり、企業側にとっては単なる「コスト」と認識されがちです。地方の中小企業では、人的リソースや財政面の余裕のなさからＣＳＲが後回しにされやすいという現状もあります。

こうしたなかで、２０１１年に北海道の有志企業は「北海道ＣＳＲ研究会」を設立しました。そして、ＣＳＲの概念についての勉強会を開催したり、それぞれの企業の立場からＣＳＲを実践するゆるやかな関係を構築。２０１２年の豪雪では、第Ⅱ部第5章②で紹介したとおり、三笠市で雪かきボランティアを実施しました。

彼らが方針として掲げる「単独企業での実践が困難なときこそ道内企業が手を取り合ってＣＳＲを推進しよう」という発想は、他の豪雪地帯でも応用可能です。図Ⅲ—13に、企業による地域社会への貢献が利害関係者の評価を得ることで企業の発展へとつながる循環を示しました。

豪雪地帯ならではの地域貢献活動である雪かきボランティア活動においても、企業への評判を高め、企業の発展に寄与することが期待されます。第Ⅱ部第5章②で掲げた、除雪ボランティアをとおして「良いことをすると善い社員が育つ」というフレーズは、図Ⅲ—13にあるように、従業員による地域社会への貢献が従業員自身や地域社会、顧客による評価につながり、その従業員の士気、さらに企業のブランドイメージが高まることを端的に示しているといえます。

〈小西信義〉

24 共有価値の創造（CSV）

CSV（Creating Shared Value）はハーバードビジネススクールのマイケル・E・ポーター教授が2006年に提唱した概念で、「共有価値の創造」「価値共創」などと訳されます（玉村ら、2014）。似た概念としてCSR（企業の社会的責任）も知られますが、両者は似て非なるものだというのがポーター教授の主張です。彼は、CSRが企業の社会貢献活動と捉えられ、企業にとって負担になるものと思われているのに対して、CSVは社会的な課題を企業の持つ強みで解決することで企業の持続的な成長へとつなげる差別化戦略であると述べています。

最近、日本国内でもCSVは広く知られるようになり、日本式CSVを模索する動きもたくさん起きてきました。日本では、近江商人の哲学として「三方よし」という言葉（売り手よし、買い手よし、世間よし）がよく知られています。もともと、売り手と買い手だけでなく世間にとっても良い行いによって事業が持続・発展するという考え方が支持されてきました。社会課題の解決・改善につながる企業活動は、CSVという特別な概念を導入せずとも、日本企業の根底に存在する道徳的価値観といえるでしょう。

とはいえ、グローバル化などの社会の変容にともない競争が激化し、企業が過剰な利益の追求や株主価値の向上に振り回される時代になってきました。社会課題の解決の役割を主に担ってきた行政についても、新たな課題に制度の整備が追いつかず、隙間だらけという問題があったり、厳しい財源や公共サービスの公平性維持などのしばりから、柔軟さや機動力が発揮できず、限界も露呈しています。結果として、近年では市民による営利追求を目的としない活動、すなわちNPO活動が活発化して、社会課題解決の担い手としての存在感を増してきました。

社会課題の解決は、行政、NPO、企業といった主体が個別に取り組んでも、それぞれに得意・不得意があって、なかなかうまくいきません。それぞれの強みを持ち寄って取り組むことが肝要です。ここでは「除雪作業中の事故が多いから、減らさなくてはならない」という社会課題に対して、安全な器具や道具の開発から販売・普及という段階を経て社会実装された事例を紹介しましょう。

ハシゴの製造・販売を生業とする長谷川工業株式会社は、創業60周年を機にハシゴからの転落事故をいかに減らすか、という課題を設定しました。NITE（製品評価技術基盤機構）の調査結果を分析して、その事故の47％が除雪作業中に起きているという事実に愕然とします。そして2015年9月、越後雪かき道場（第Ⅱ部第5章①）に取り組むNPO中越防災フロンティアにコンタクトをとりました。

前年に新潟県が実施した調査で、やはりハシゴからの転落事故が深刻であるとの認識を持っていた雪かき道場のメンバーは、企業の問題認識に共鳴。すぐに共同して、事故の起きにくいハシゴの開発に着手しました。いくつかのアイデアを実装した試作を行い、2冬期のモニター調査を経て、2017年末には製品として市販し始めたのです（図Ⅲ―14）。

図Ⅲ―14　大手ハシゴメーカーと越後雪かき道場が共同開発したハシゴ

さらに、新たな機能のひとつである「手がかり棒」（ハシゴから屋根への昇降時に左手でつかむ棒）は、除雪に限らず屋根に上る作業者に対してきわめて有効との判断から、この機能を追加した一般向けハシゴの販売も始まりました。

当初はCSR活動の一環として、損得抜きで、雪下ろしの安全のために始めた取り組みです。それが結果として新たな価値を有する商品開発につながった好例といえるでしょう。

〈上村靖司〉

第Ⅳ部　雪問題の今後の展望

雪が問題なのではなく、雪を問題と捉える人の心理に問題の本質がある。多様な人びとが前を向いて共に行動を起こす。それこそがスノー・イノベーションへの第1歩(2015年2月、岩見沢市美流渡地区での除雪ボランティア、提供：山本顕史氏(ハレバレシャシン))

第1章　「地域除雪」と広域的な除雪ボランティアの未来

「地域除雪」の役割分担

１９５２年制定の道路法で、道路管理者による道路の建設・維持管理が明確化され、翌年制定の「道路整備費の財源等に関する臨時措置法」により財源の裏づけがなされ、ここから日本の道路整備が本格的にスタートしました。以後、道路整備が着実に進む一方、北国・雪国では積雪による通行止め、凍結や融解による破損・損傷によって、長期間にわたって交通途絶を余儀なくされる道路が少なくありません。その結果、社会経済活動の停滞と日常生活の不安が、深刻な社会課題として顕在化していきます。さらに、当時、都道府県道も市町村道も地方自治体の単独費で建設・維持されていたほか、北海道ではバス事業者がバス路線の除雪を独自に行っていたため、地方自治体の財政負担も大きな課題でした。

こうした背景から、１９５６年に雪寒法が制定され、積雪寒冷が厳しい地域（雪寒地域）にある自治体の道路除雪などに財政的支援が行われるようになりました。さらに１９６２年には、産業振興、克雪住宅の普及、除雪の担い手確保など、積雪寒冷地域全体を包括的に支援する豪雪法が制定されます（第Ⅰ部[2]参照）。

以上の法体系の整備により、道路（パブリックな空間）は管理者である行政（国や地方自治体）が除雪を行い、道路以外のプライベートな空間は行政以外が除雪するという、明確な線引きがなされました。本稿では、このプライベートな範囲の除雪を「地域除雪」と定義します。なお、両者の境界のセミパブリックな空間（たとえば、除雪車の入れない狭小幅員道路、道路敷地と住宅敷地の境界部分、歩行者の少ない歩道など）は、地域の実状に合わせて官民協働の仕組みが構築され、除雪が実施されてきました。この境界部分は、ひとまず地域除雪の範囲に含めることにします（図Ⅳ—1）。

筆者が居住し、業務として見続けてきた北海道では、プライベートな空間は個々の住民や町内会などの責任範囲で、自助や共助によって担われてきました。一方セミパブリックな空間は、共助を基本としつつ、小型除雪車の貸与や運搬排雪用のダンプトラック貸し出し制度のような地方自治体の公助による下支えの仕組みが、地域ごとに構築されてきました。こうした地域除雪における自助・共助・公助の役割分担は、地域の歴史的経緯や慣習も包含し、各地域で独自に形成されてきたと考えています。厳密な区分は難しいのですが、大まかな役割分担は以下のとおりです。

自助：私有地内は土地所有者が除雪する。たとえば、自宅建物の周辺、屋根、玄関などから生活道路（車道）までのアプローチなど。

共助：地域の共同・共用施設の維持や互助組織・仕組みとして、共同や交替で除雪する。たとえば、公民館、ごみステーション、高齢者や障がい者宅の除雪支援など。

公助：道路と私有地の境界部分、狭小道路の除雪など。たとえば、狭小幅員道路の小型除雪機械による除雪、除雪後に残される歩道や玄関前の雪、流雪溝を使う排雪など。

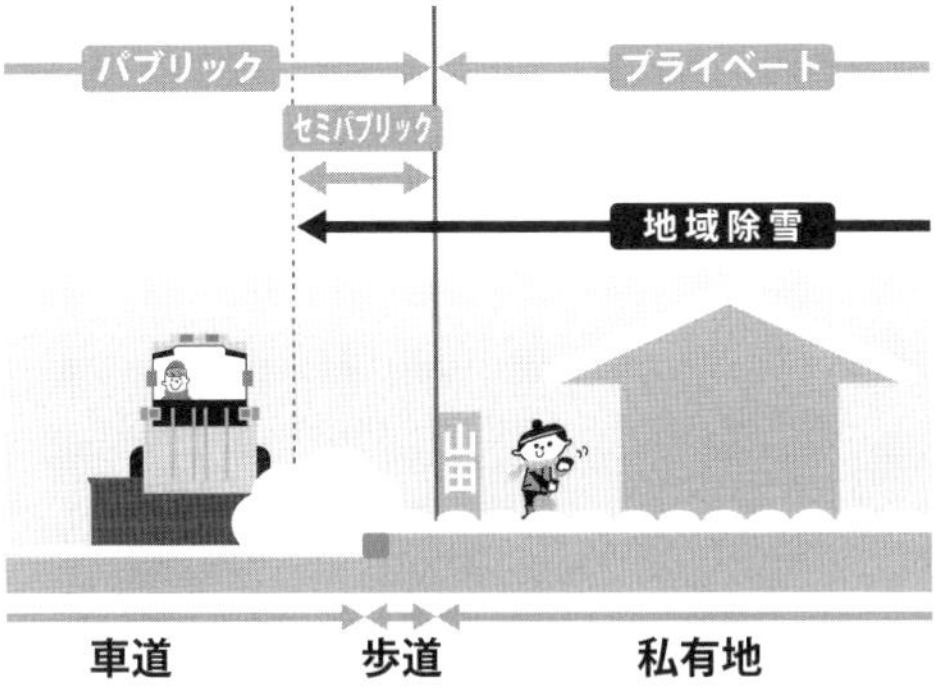

図Ⅳ—1　「地域除雪」の範囲

ボランティアの派遣事業（北海道）

2017	1月29日	岩見沢市美流度地区	18	札幌市内日本語学校の異文化交流エクスカーションの一環
2017	1月29日	倶知安町六郷地区	27	雪の下野菜掘り体験、酒蔵見学、スイーツめぐり
2017	2月4日	当別町	6	雪像づくり体験
2017	2月4～5日	苫前町古丹別地区	17	流雪溝投雪
2017	2月5日	倶知安町琴和地区	25	雪の下野菜掘り体験、酒蔵見学、スイーツめぐり
2017	2月11日	上富良野町泉地区	25	ワイナリー見学
2017	2月12日	岩見沢市美流度地区	25	北海道教育大学岩見沢校集中講座「社会調査実習」の一環
2018	1月21日	岩見沢市美流度地区	26	（一社）日本旅行業協会北海道支部加盟旅行会社によるCSR事業
2018	1月27日	岩見沢市美流度地区	24	受け入れ満5周年記念同窓会の開催
2018	1月28日	倶知安町六郷地区	19	雪の下野菜掘り体験、酒蔵立ち寄り、スイーツめぐり
2018	2月4日	岩見沢市美流度地区	26	北海道教育大学岩見沢校集中講座「社会調査実習」の一環
2018	2月4日	倶知安町琴和地区	25	雪の下野菜掘り体験、酒蔵立ち寄り、スイーツめぐり
2018	2月10日	上富良野町泉地区	15	ワイナリー見学
2018	2月10日～11日	苫前町古丹別地区	8	流雪溝投雪
派遣人数合計			1216	

地域除雪の役割分担の維持が困難に

昨今、地方の急速な人口減少と高齢化、地方自治体の財政状況の悪化で、これまでのような地域除雪の役割分担の維持が困難になっている地域が増えています。かつては、高齢化によって自助の難しい一人暮らし世帯が増加しても、隣近所や町内会による地域内の共助（互助）の機能がある程度、自助を補完していました。自治体も除雪費補助などの公助によって、自助・共助を支えてきました。ところが、財政状況の悪化によって、共助が自助側にも公助側にも拡大して補完せざるを得なくなっているのです。

さらに人口減少や高齢化が深刻になると、共助の能力を超え、自助・共助・公助の間が補完しきれずに隙間が生まれ、現行の地域除雪のサービスを維持できなくなります。それが最近、現実となって各地で顕在化してきた、といえるのではないでしょうか。

この隙間を埋める手段のひとつとして、20

表Ⅳ―１　過去６年間の広域的な除雪

派遣年	派遣日	派遣地	参加人数	特記事項
2013	2月2日	岩見沢市美流度地区	26	地域勉強会の開催
	2月9日	上富良野町泉地区	20	雪のアートイベント見学
	2月10日	三笠市弥生地区、幾春別地区	61	道内企業連合によるCSR事業
	2月16日	岩見沢市美流度地区	27	地域勉強会の開催
	2月23日	岩見沢市美流度地区	26	地域勉強会の開催
	3月10日	倶知安町琴和地区	34	
2014	1月25日	当別町	15	社員研修型
	1月26日	岩見沢市美流度地区	38	
	2月1日	当別町	15	社員研修型
	2月2日	岩見沢市美流度地区	31	
	2月9日	倶知安町琴和地区	43	雪の下野菜掘り体験
	2月15日	上富良野町泉地区	30	雪のアートイベント見学
	2月22～23日	岩見沢市美流度地区	18	初の１泊２日
	3月2日	倶知安町六郷地区	47	雪の下野菜掘り体験、酒蔵見学
2015	1月31日	岩見沢市美流度地区	32	(一社)日本旅行業協会北海道支部加盟旅行会社によるCSR事業
	2月7日	岩見沢市美流度地区	33	命綱講習会
	2月8日	倶知安町琴和地区	44	雪の下野菜掘り体験、酒蔵見学
	2月14日	上富良野町泉地区	14	ワイナリー、雪のアートイベント見学
	2月15日	三笠市弥生地区、幾春別地区	45	道内企業連合によるCSR事業
	2月19～21日	当別町	12	移住体験
	2月28～3月1日	岩見沢市美流度地区	8	空き家マップづくり
	3月8日	倶知安町六郷地区	37	雪の下野菜掘り体験、酒蔵見学
2016	1月23日	岩見沢市美流度地区	36	(一社)日本旅行業協会北海道支部加盟旅行会社によるCSR事業
	1月24日	倶知安町六郷地区	28	雪の下野菜掘り体験、酒蔵見学
	1月30日	岩見沢市美流度地区	44	(一社)日本旅行業協会北海道支部加盟旅行会社によるCSR事業
	2月6日	三笠市弥生地区、幾春別地区	41	道内企業連合によるCSR事業
	2月7日	倶知安町琴和地区	35	雪の下野菜掘り体験、酒蔵見学
	2月12日	岩見沢市美流度地区	25	北海道教育大学岩見沢校集中講座「社会調査実習」の一環
	2月13日	上富良野町泉地区	33	ワイナリー、雪のアートイベント見学、外国人グループの参加
	1月21日	岩見沢市美流度地区	32	(一社)日本旅行業協会北海道支部加盟旅行会社によるCSR事業

13年に「ボランティア活動による広域交流イノベーション推進研究会」（以下「ボラベーション研究会」）を設置し、広域的な共助の仕組みを模索してきました。具体的には北海道で最も人口の多い札幌市の市民、企業や大学生などを対象に除雪ボランティアを募り、上富良野町（第Ⅱ部第2章①）、岩見沢市（第Ⅱ部第3章①）、当別町（第Ⅱ部第3章③）、苫前町（第Ⅱ部第4章③）、三笠市（第Ⅱ部第5章②）、倶知安町（第Ⅱ部第5章③）の多雪地域に派遣。独居の高齢者世帯の住宅周りの除雪を行うとともに、地域住民と交流してきました。派遣してきた除雪ボランティアは、過去6年間で44回、延べ1200人程度です（表Ⅳ―1）。

あくまで、現時点での個人的評価ですが、派遣先のボランティア受け入れ体制が整備されたり、住民の意識が前向きに変化したと感じられます。すべての地域というわけではありませんが、最初は慎重で地域外の人たちを受け入れることへの不安もあった住民が、除雪ボランティアとの交流を楽しむ雰囲気が出てきたようです。これまでの経験から、広域的な除雪ボランティア活動は、地域の除雪活動の共助を補完することに一定の効果があるでしょう。しかしそれ以上に、交流によって地域住民が明るくなって、住民活動が活性化するきっかけになったと考えています。そして、住民活動の活性化は、地域内の共助にもプラスに働いているはずです。

広域的な除雪ボランティアの課題

広域的な除雪ボランティアの派遣に、一定の効果は確認できました。ただし、まだ試行の域を出ていないとも思います。つまり、現実の社会に実装されたと言い切るには至っていません。そう考える理由を詳しく述べていきましょう。

まず、この仕組みを継続するためのビジネスモデルがまだできていません。除雪ボランティア派遣に必要な貸切バスの料金や付随する諸費用、地域との調整などに伴う事務作業に要する経費は、一部を除雪ボランティアの参加費から充ててはいますが、大部分は一般社団法人北海道開発技術センターと一般社団法人シーニックバイウェイ支援センター(1)の公益的な調査研究費が充てられています。したがって、このままの形で長く継続することは不可能です。一方、除雪ボランティアの参加費ですべてをまかなおうとすると、高額になって参加者の負担が大きくなります。高額の参加費を払ってまで、ボランティアに参加する人は、多くはないでしょう。

そこで、新たな財源確保のための試行に取り組んできました。たとえば、企業や個人から寄付金を募る、地域の農産物を使った新商品を開発し、その販売収益の一部をボランティア派遣の事業費とする、などです。しかし、どれもうまくいきませんでした。

寄付金については、企業によるＣＳＲ活動が活発化していたので、ボランティア活動への寄付は容易と踏んでいました。ところが、現実はそれほど甘くありません。趣旨説明をして寄付金を募る作業は、現行の事務局体制では負担が大きすぎ、思ったほどの成果は上がりませんでした。さまざまな寄付依頼が持ち込まれる企業にとって、除雪ボランティアへの寄付によって企業が得られる便益が明確でなかったことも、うまくいかなかった原因だと思います。後者は、地元の農産物を使ったスープや酒米を使った日本酒をつくり、その販売収益の一部をボランティア活動の財源とすることを目指しました。しかし、販売網を確立できず、想定していたほどの販売量に達しなかったのです。

とはいえ、いずれの方法も一定の財源確保にはつながっており、きめ細かな説明や販売体制を整備すれば、安定的な財源となる可能性はあります。問題は、こうした作業を継続して行う事務局の人材確保、つまり業務としてボランティア企画を行える環境をどう形成できるかにかかっていると思います。

さらに、もっと本質的な課題は、実際に地域除雪の担い手となっているのかです。研究会が派遣している除雪ボランティアは一冬に6～8回、同一地域への派遣は2～3回です。そのため、積雪で埋もれた窓の掘り出しや、屋根から落ちて軒下に積み上がった雪を取り除いて次の降雪に備える、などの作業が中心になります。それはそれで地域住民から感謝されますが、大雪後や吹雪後の玄関周りの吹きだまり処理など、真に必要で緊急性の高い雪処理への対応はできていません。住民のニーズがより多い屋根の雪下ろしは、高所作業の訓練も安全装備もないボランティアの転落事故の懸念と、事故が発生した場合の管理瑕疵責任をボラベーション研究会が負えないなどの理由から、行っていません。

このように、広域的な除雪ボランティアは地域除雪に寄与していないわけではないが、求められる地域除雪の担い手にはなっていないのです。もちろん、意義がまったくないわけではありません。除雪ボランティア受け入れのための地域内の交流、地域外のボランティアとの交流により、コミュニティ内の結束する力が高まり、地域除雪における共助体制の強化にはつながったと考えています。このことは、雪問題に限らずあらゆる自然災害に対する地域防災体制の構築の一助になっているでしょう。

地域除雪の未来についての一考察

とくに地方では、人口減少と高齢化の一層の進行は明らかです。広域的な除雪ボランティアを含め、自助・共助を中心する現状の延長上に解決策や緩和策を見出すのは、容易ではありません。そこで、基本に立ち返ってこの問題の未来について考察してみます。

①「公助」を拡大するシナリオ

人口減少と高齢化による地域除雪の担い手の減少に対して、公助を拡大して住民の自助・共助を補完する方法が考えられます。具体的には、自助・共助による地域除雪の一部を、公的機関が民間企業に委託することです。都市部では、住宅の玄関周辺の除雪・運搬排雪を民間企業とシーズン契約している住民も多くいます。北海道内の多くの自治体が、一定条件のもとで、委託除雪に対して補助金を給付する福祉除雪制度を採用しています。

しかし、人口減少の厳しい地域には担い手となる民間企業が存在しないのが現状です。その地域を維持し続けるとすれば、自治体職員が業務として直轄で地域除雪を実施するしかありません。すでに、町村職員が重機の運転免許をとり、直営で除雪に当たっている事例もあります。ただし、こうした公助の拡大は、自治体財政の負担を増し、そのしわ寄せが他の公共サービスの低下につながることも事実です。したがって、地域除雪の中心に公助を据えるのであれば、市町村民税の増税や、「地域除雪税」のような特定目的税の創設を考えざるを得ません。そのためには、住民との十分なコミュニケーションと丁寧な合意形成のプロセスが必要になります。

②居住地や住み方の変更を促す政策誘導

将来の人口減少や一人暮らし高齢世帯の増加を冷静に予測すると、地域除雪の問題もさることながら、日常的な住民の見守り体制や税収減による自治体経営の面から「街の形」を根本的に変えざるを得ないと予想しています。行政サービスの水準を維持し、それにかかるコストを抑えるには、経済合理性に基づく都市経営が避けられないでしょう。集落や公共施設の集約、集合住宅への居住形態の変更も含めた施策が、地域除雪問題の解決につながると確信しています。これは、誰もが大都市に住めということではありません。コミュニティや町内会を維持できる程度の集落再編は不可避であるという意味です。

問題は、住民の「心」と「時間」です。高齢になるほど、自分の生まれ育った家に住み続けたい、ここで死にたいという気持ちが強くなります。その心は大事にしなければなりません。とはいえ、数軒の集落のために、地域内の除雪やアクセス道路の除雪を公的に実施し続けることは、自治体経営にとって大きな負担です。財政的に立ち行かなくなる限界もかなり近づいているように感じています。

難しい問題ですが、自治体経営の現状と将来ビジョンを示し、丁寧に住民に説明する「説得的コミュニケーション」を続け、納得して居住地や居住方法の変更を受け入れていただくしかないと考えています。ところが、ほとんどの自治体は、住民にとって厳しい選択となる将来ビジョンを提示できていません。

首長は覚悟を決めて現実を直視し、人口減少に対応した将来ビジョンを策定し、住民への丁寧な説明によって、集落の再編、居住形態の変更、さらには冬のライフスタイル全般を見直すことで、地域除雪を含む除雪が最小限ですむような地域を創出してほしいと思います。そのためにも、国には、法整備を含めた適切な政策的誘導を期待します。

③技術開発によるシナリオ

地域除雪において主流の雪処理方法は、人がスコップ、スノーダンプ、家庭用小型除雪機などで行う作業です。これらは重労働で、人口減少と高齢化によって持続できなくなっています。

また、限定的ですが、融雪機器を使って住宅周りの雪を処理する方法もあります。しかし、スノーダンプで雪を15メートル移動させるのに必要なエネルギーを1とすると、家庭用の小型ロータリー除雪車で15メートル移動させる場合は4・9倍、その場で融雪する場合は2万3000倍近いエネルギーを消費するそうです（栗山、１９８４）。コストと二酸化炭素排出を考えると、今後も限定的であり続ける可能性が高いでしょう。

技術開発で期待したいのは、家庭用小型除雪機の無人自動運転化です。現在、世界の自動車メーカーは自動運転技術の開発にしのぎを削っており、米国ではすでに大量の自動運転車両を市街地に導入する大規模な社会実験を実施中です。自動車の自動運転には、さまざまな状況における人、自動車、自転車などの通行という外的要因を感知して、それらに適切に対応しながら安全に運転する高度なシステムが求められます。一方、住宅周りや玄関前の歩道などの除雪であれば、それらの外的要因は比較的少なく、自動車の自動運転技術ほど難しくはないでしょう。想定イメージは、市販の家庭用ロボット掃除機の除雪版です。もちろん、小型除雪機の自動運転が行いやすい敷地内の建物配置や、庭や塀のつくり方なども併せて見直す必要があるでしょう。そのために、家庭用除雪ロボットの技術開発に関わる資金の助成や、住宅計画の見直しを含めた総合的な研究に取り組むべきだと考えています。

（1）主に自動車が走行する道路からの視点で、景観、自然、文化、レクリエーションといった要素による地域活性化などを目的とした地域の魅力を具現化するための取り組み（「シーニックバイウェイ」）を下支えする組織。

〈原　文宏〉

第2章　スノー・イノベーション(Snow Innovation)

イノベーション(Innovation)という言葉は「革新」を意味し、新しい技術などの発明や普及を表す場合によく使われます。これに「雪(Snow)」を冠したスノー・イノベーションとは、何を意味しているのでしょうか。

実はこの言葉は筆者の造語で、スノーは「雪国」の意味で使っています。この言葉に行き着いたのは、2006年に起きた平成18年豪雪以降、雪国各地で以前とは異なる革新的(Innovative)な取り組みが次々に生まれていると感じたからです。おそらく、急に出現してきたというより、以前から萌芽はあったものの、「点の動き」であったため把握できていなかったのでしょう。点の動きを起こしている当事者は目の前の課題に懸命に取り組んでいるだけで、「特別なこと」あるいは「イノベーティブなアクション」という認識はなかったと思います。それらの点の動きを顕在化させたのは、2013年度から始まった国土交通省の克雪体制支援調査です。

「スノー」＋「イノベーション」

半世紀以上前から、雪国の過疎化・高齢化は始まっていました。それが平成18年豪雪で具体的な危機として認識され、その後も改善の兆しはなく深刻化しています。かつての豪雪地帯対策は、国からトップダウンで大きな網をかけて雪国全体の底上げを図ろうとしていました。雪寒法や豪雪法がその代表です。個別の過疎対策についても、画一的モデルを提示し、各地域に普及させるというやり方が一般的でしたが、そうした対策を毎年繰り返していても、一向にV字回復の道筋は描けていませんでした。

そこで克雪体制支援調査では、課題に直面する地域の現場で日々真剣に悩み、考え、試行錯誤しながら動いている取り組みのなかにこそ課題解決の芽があるだろうと考え、それらの点の動きの発掘に方針転換します。確証はありませんでしたが、どんな厳しい状況にあってもうまくやれている事例（ブライトスポット）はあるはずだと、信じることにしたのです。

そのため公募型のモデル事業として、地域コミュニティにおける共助の除雪活動や学生・企業などの除雪ボランティア活動、除雪作業の安全対策に関する取り組みなどを広く募集しました。そして、自由度の高い調査費（という名の活動費）を支給し、モデルとなりうる取り組みを育成することにしました。国の事業としてはよくある手法ですが、豪雪地帯での調査事業としては初めての挑戦です。従前から事例調査やケーススタディ、実証実験などは行われてきたものの、これらは調査主体である国の意図に沿っていました。これに対して、あくまで申請団体が主体となり、自由な発想と自発的な行動を重視しました。

２０１１年度から現在まで毎年十数件が採択され、創造性に富んだ多種多様な活動が実践されています。単年度では成果を出しにくいという実情もありますから、活動の成長の度合に応じて複数年にわたって採択される取り組みも多くあります。

克雪体制支援調査のもうひとつの特徴は、「点の動き」を「線としてつなぐ」ことを意図的に仕掛けたことです。採択団体が活動を開始する前に集まるスタートアップ交流会、1年間の成果を発表し共有する活動報告会を設けました。自らの活動を客観的に見る、他の活動からヒントを得る、刺激し合い協力し合う仲間をつくる、専門家からの助言で意味づけを理解したり軌道修正したりするなど、毎回顕著な効果が表れています。２０１４年度からは、図Ⅳ―２のようなロゴを作成。ＨＰやチラシ、防寒着などに掲げて採択団体同士の一体感を高めています。

除ボラ１・０から２・０へ

克雪体制支援調査で採択された事例の変遷から、とくに「除雪ボランティア」に着目して、イノベーションの段階を整理してみます。

除雪ボランティアの先駆けである「沢内村スノーバスターズ」や「夢雪隊《むせったい》」（第Ⅲ部7参照）は、一人暮らしの高齢者世帯、高齢者夫婦世帯、母子世帯、障がい者世帯など、自力で除雪できない人たちを地域内で助けるためのボランティア活動です。これらは、純粋に困っている人（被支援者）を助けることが目的で、ボランティア（支援者）側は「大変な作業だが、必要なことだからやらねばならない」と考えます。つまり、支援者から被支援者への一方向的な受益関係です。このような除雪ボランティア活動を「除ボラ１・０」と名づけましょう。

SNOW INNOVATION 雪国の挑戦

図Ⅳ―２　スノー・イノベーションのロゴ

一方、克雪体制支援調査が始まって以降、除ボラ１・０とは異なる動きが起きてきました。たとえばＮＰＯ法人とむての森（北海道北見市）による「地域通貨を活用した学生による有償除雪ボランティア事業」（国土交通省、２０１４）、一般社団法人北海道開発技術センター（北海道札幌市）による「除雪ボランティアを取り入れた社員研修プログラム」（国土交通省、２０１４）、「越後雪かき道場」（第Ⅱ部第5章1）といった活動です。そこでは、根底に「困っている人を助ける」という趣旨はあるものの、それだけにとどまらず、除雪ボランティアの多様なモチベーションに注目しています。

とむての森の取り組みでは、「単位を取得したい」「就職活動に向けたＰＲ材料が欲しい」「もらった地域通貨で大学脇のパン屋さんでパンが買える」といった大学生のモチベーションを狙いました。北海道開発技術センターの取り組みでは、「課題解決能力を身につけたい」「企業の社会的責任を果たしたい」という民間企業社員を、越後雪かき道場では「雪かきを体験したい」「雪かき技術を習得したい」「地元住民と交流したい」「田舎の美味しいものが食べたい」という参加者をターゲットとしています。このような参加者のモチベーションも意識した除雪ボランティア活動を、「除ボラ2・0」と表すことにしましょう。

支援者と被支援者の受益関係をみると、除ボラ1・0が一方向であったのに対し、除ボラ2・0では除雪ボランティアも「人助けができた」という実感（充実感・満足感・自己有用感など）以上の恩恵を得ており、双方向性が成立しています。つまり、多様な除雪ボランティアの多様な思いと被支援者の感謝の思いを上手につなぐ活動が除ボラ2・0の本質です。さらに、運営者の思いもそこに加わります。したがって、除雪ボランティア活動に「持続力」と「継続性」が生まれるのです。この思いの共有なくして、地域通貨、企業研修、雪かき道場といった機能や仕組みだけを導入しても、うまくいかないと思います。

除ボラ3・0へ

除ボラ2・0を超える次なるイノベーション段階を「除ボラ3・0」と表現するならば、それはどんな状態でしょうか。除ボラ2・0は、除雪ボランティア側の多様なモチベーションを顕在化し、それを雪国の課題と組み合わせる仕掛けや仕組みに革新性がありました。いわば「仕組みのイノベーション」といえるでしょう。筆者が考える除ボラ3・0は、除雪（雪かき）活動をとおした地域そのもののイノベーション、言い換えると「意識のイノベーション」です。

初めて雪かき道場を開催した地域で、ボランティアに雪かきをしてもらったおばあちゃんが、「こんな

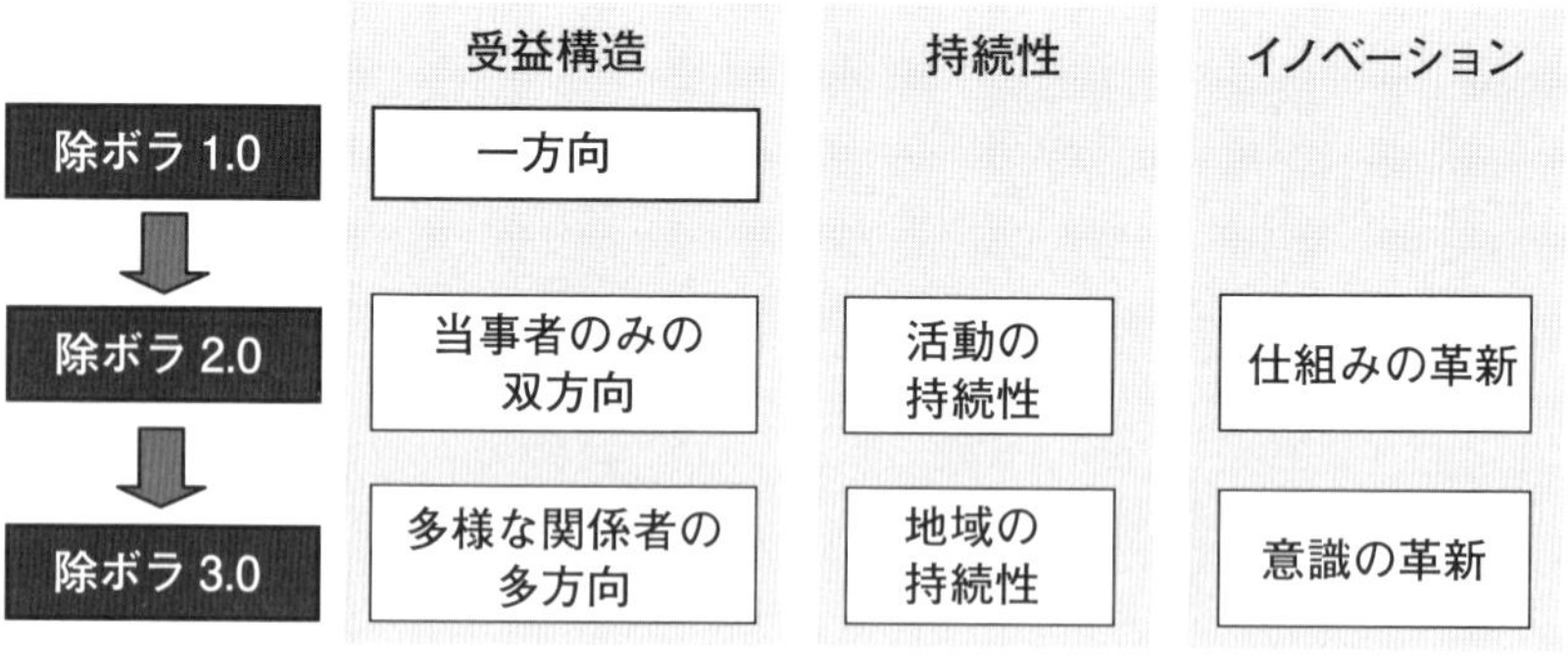

（出典）諸橋和行「スノーイノベーション─除ボラ 2.0 から 3.0 へ─」『寒地技術論文・報告集』30 巻、2014 年、99 ページ。

図Ⅳ─３　除ボラ 1.0 から除ボラ 3.0 へのキーワード

に楽しい雪かきは初めてだった。もしまた来年も来てくれるのであれば、それを楽しみに厳しい冬を頑張ろうと思う」と、参加者の前で語りました。そして、まわりにいた地元住民もそれに大きくうなずいていました。まさに意識のイノベーションといえるでしょう。

北海道上富良野町の「かみふらのスノーバスターズ」（第Ⅱ部第２章①）では、これまでまったく意識されていなかった安全管理に着手しました。１９９３年に自衛隊員が始めた高齢者世帯の除雪ボランティア活動は、現在では６００名もの参加者が集まって一斉に除雪を行うビッグイベントに発展しています。ところが、参加者の安全を確保するために何をすべきかということは考えたこともなかったそうです。そこで、同町初（おそらく北海道初）の雪下ろし安全の実技研修会を開催したところ、関係者の「安全意識」が向上。さらに、安全帽、安全帯、ザイルロープなどを配備したことで、独自に安全帯の実技講習会を開催する団体も現れました。これも、除雪ボランティア活動をきっかけとした地域住民の意識のイノベーションです。

支援者と被支援者の受益関係は、除ボラ２・０では当事者間の双方向の関係でした。除ボラ３・０になると、当事者のみでなく、何らかの関わりのある人たちの間で複数の双方向（多方向）の関係性が成立しています。個人と個人という点と点の関係性を基本としつつも、それが線となり面となって広がりを持って地域に展開されているのです。除ボラ2・0における「双方向性」が活動の持続性を支える必要条件とするならば、除ボラ3・0における「双方向性」は地域の持続性を支えるための必要条件といえるでしょう。図Ⅳ―3に、除ボラ1・0から除ボラ3・0へのキーワードを整理しました（諸橋、2014）。

イノベーション再考

筆者の考えるイノベーションとは、昨日までの「あり得ない」が明日の「当たり前」に変わることです。つまり、イノベーションとは革新的な技術や手法が生まれるものではなく、新たな変革が社会に受け入れられ、浸透することだと思うのです。そう捉えると、イノベーションを生み出す側だけではなく、社会が新たな秩序を受け入れる社会実装の過程に眼差しを向けなければなりません。そうなると、もはやイノベーションとは、論理ではなく心理・意識の問題ともいえそうです。

岩手県滝沢市上ノ山地区（第Ⅱ部第1章②）では、冬になると市役所に苦情が殺到していました。この問題を論理で捉えれば、苦情を受けとめて可能なかぎりのサービス向上によって解決を目指そうとします。しかし、現実は財政負担との兼ね合い、他地域との公平性など行政の論理によって簡単には実効的な対策はとれませんから、苦情への場当たり的な個別対応に終始せざるを得ません。

ところが、「道路除雪は市役所の仕事」という常識から転換し、「地域主導で除雪を実施し、行政が下支え」という逆の構図をとったとき、イノベーションは起きました。これまで常識であった「敷地内の雪を道路に出してはいけない」が、地域主導除雪では「決められた日時にはむしろ出してよい」とルールが変わります。そうなれば、住民はこぞって除雪作業を共同で行うようになります。しかも、補助金が切れたあと経費の一部は住民負担になりました。作業量は増え、金銭的負担まで増えたのに、苦情はゼロになったのです。

新潟県長岡市小国八王子・芝ノ又地区（第Ⅱ部第1章①）では、豪雪の経験から、行政任せでは地域の一人暮らし高齢者をもはや支え切れないと思い知らされます。市役所に陳情しようにも、市町村合併の影響で小国町役場は小国支所となり、要望に対する速やかな対応が難しくなりました。覚悟を決めて雪掘り隊という互助組織を結成し、有償ボランティアを始めたところ、下ろした雪の片付けは人力ではどうにもならないと気づきます。その結果が、「ユンボが欲しい」です。問題を自分事として捉え、問題に向き合った結果は、単なる陳情でなく将来ビジョンにつながる明確な要望でした。

本書で紹介してきた地域や団体の姿は「真剣」そのものですが、決して「深刻」「悲観的」ではなく、むしろ「軽やか」です。そもそも、背景として語られる「雪かきの担い手不足」は、実在する問題なのでしょうか。「若い世代が減っている」のは事実ですが、人がそれを「問題」と認識して、勝手に深刻に仕立て上げているように思えてなりません。人は自分の存在を誇示するために、無意識に問題をつくりたがる生き物です。そして、その問題がいかに深刻で悲観的な状況にあるかという心持ちにしてしまいがちです。さらに、もともとは心理・意識の問題のはずなのに、あたかも論理的な課題として設定し、自ら解決する努力もせず、他人事として誰か（たとえば行政）にその解決をゆだねてしまいがちなのです。

設定された表面的な課題ではなく、本質的な課題にしっかりと目を向け、そして自分事と捉え、過剰に悲観することなく軽やかな気分で共感してくれる仲間とともに、肩肘張らずにまずは行動に移す。その先におのずと、地域イノベーションが起きていくのではないでしょうか。

〈諸橋和行〉

第3章　地域除雪のこれからに向けて

❶「社会的利雪」の視点――『雪害』で考えたこと

住民参画の地域づくり

以下では雪問題に関する筆者の2冊の著書の論点を振り返りながら、これからの地域除雪に対する展望と期待を述べてみたいと思います。

『雪害』（1987年）は、「都市と地域の雪対策」という副題が示すように、それまでの個別技術的な雪害対策から地域の総合的な雪対策へと進化させる必要を説き、その姿を素描しようと試みたものです。

主な関心は自治体の計画行政の一環としての社会・空間システム的な技術のあり方を示すことにあり、このためハードな技術や手法の検討が大きな部分を占めましたが、一方で「ソフトな技術」としての住民参加型の地域づくりの手法にも注目しました。とくに、当時すでに過疎化・高齢化による地域の衰退が深刻だった中山間地域を雪に強くするために欠かせない課題として「住民参画の地域づくり」を掲げ、共同体的伝統が色濃く残ることや行政との距離の近さなどの有利性を活かすべきだとして、一斉除排雪や環境点検地図づくりなどの事例を紹介しています。

地域おこしと雪問題

最終章は「社会的利雪と地域おこし」というタイトルで、雪問題への取り組みが地域づくりに結びつく道筋について論じました。社会的利雪とは何か、引用に近い形で整理してみましょう。

「利雪」（雪の利活用）には大きく分けて「生活的利雪」（暮らしの中での雪利用）、「産業的利雪」（経済的利益を求める雪利用）、「社会的利雪」（雪利用の効用の社会的共有）という3つの相がある。地域活性化が切実な課題になり、自治体などが利雪に注目し始めた雪国では、利雪は社会的利雪でなければならず、ほかの2つの相にあるものは社会的利雪に向かうように誘導・管理される必要がある。

地域おこし論（当時）には、地域個性の発掘と商品化という産業振興論と、地域課題解決の担い手の形成という主体形成論の2つの焦点がみられる。社会的利雪にも、雪を利用した産業を興し地域に利益を及ぼすことと、地域づくりの主体を育てていくことという2つのジャンルがある。後者は言いかえれば、地域社会の絆として雪を利用することといえる（沼野、1987：158〜163）。

このような視点から、最後に地域づくりの主体形成に触れ、雪問題をきっかけとした地域コミュニティ再活性化の可能性を述べるとともに、雪問題に取り組む住民組織の事例を紹介しました。同時に、現代社会では自然発生的な地域連帯は生まれにくいことを指摘し、自覚的・自発的な協働の取り組みを育むための留意点にも言及しています。

『雪害』以後

『雪害』は今日にも通じる多くの視点・論点を提起したと思っています。しかし、雪関係の研究者や行政関係者の一部からは注目されたものの、雪国の一般住民にはあまり知られず、社会に与えた影響は限られていました。

一方、少雪傾向が続いた時期でしたが、雪国の過疎化・高齢化が一層深刻さを増すなかで、雪問題に取り組む住民組織やボランティア活動が増えていきます。２００１年には国土審議会豪雪地帯分科会で、「自助努力や共助というようなことを……積極的にやろうとしているところに集中的に支援」（議事録引用）していく仕組みを考えることを提案しましたが、このときは取りあげられませんでした。

2 地域除雪の伝統と変遷――『雪国学』で考えたこと

雪国の生活文化への着目

筆者は２００６年に、２冊めの著書『雪国学』を世に送りました。そのきっかけとなったのは、10年間にわたって地方紙に寄稿した雪にまつわるエッセイの執筆でした。

初めは主に雪害と社会の接点について書いていましたが、しだいに雪国の暮らしのあれこれへと取りあげる対象が広がっていきました。そのなかで、雪と折り合いをつけて巧みに営まれてきた雪国の暮らしの奥深さに、改めて強く惹かれるようになります。そして、雪という厳しい自然の制約のなかで織り上げられ、連綿と受け継がれてきた雪国の生活文化が、持続可能な社会を形成していくうえで豊かな知恵の源泉となるのではないかという思いが、この本のテーマになったのです。副題は「地域づくりに活かす雪国の知恵」としました。問題意識を端的に表現している部分を引用します。

「共同で対処しなければ暮らしていけないという制約が雪国には満ちていた。…個人が好きなときに好きなことを何でもできるという姿を人間生活の究極の理想として思い描くことは、環境問題などから再考を余儀なくされている。自覚的・自発的な共同や連帯を自然な形で学び、身につけていくために、雪国の生活は格好の教材といえるのかもしれない」（沼野、２００６：93）。

共同作業の遺伝子

執筆のために文献を調べていて、とても驚いたことがあります。それは、アメリカ人の生物学者Ｅ・Ｓ・モースが１８７９（明治12）年の東京で、雪が降った後に一斉に道路に出て整然と雪をかく住民の姿を描いた文章を見つけたときでした。モースは、母国の市民と比べてその行動が大変正直なことに驚嘆したと記しています（モース、１９７０）。明治維新を経て地方出身者が増えたとはいえ、東京でさえこうした光景が見られたとは。共同作業への衝動は田んぼを耕す農耕の民・日本人の遺伝子に組み込まれているのかとさえ思えたのです。

かつての日本の農村は、共同作業に満ちあふれていました。なかでも雪国の農村には、道路の雪かきや雪踏み、共用施設の雪囲いや雪下ろしなど雪があるために必要になる作業や、道路の補修や用排水施設の維持管理といった、雪によって一層負担が重くなる作業があったのです。そのため、雪が深い地域では共同作業の労役に大きな強制力が伴い、むらの連帯意識が強いとされていました（市川、１９８０）。

苦役だけではなく、春木山（残雪を利用して共同林を伐採・活用）や雪山（雪を集積保存して活用）など、雪を上手に利用する共同作業もありました。このように、雪に順応しつつ共生するかつての暮らしは共同作業を核として成り立っていました、共同作業が地域コミュニティの維持強化を要求するとともに、その存続の基盤でもあったといえるでしょう。

コミュニティの崩壊と再生

高度経済成長期以降の生活様式の近代化、とくに生業の衰退と表裏一体の都市的生活様式の普及は、雪処理の公助化をともないながら雪国のすみずみに及びました。そのなかで雪は、地域コミュニティ存続の基盤をつくるという役割を薄めていき、一転マイナス要因として働くことも多くなります。冬になるとやり場のない雪をめぐって「雪げんか」とも呼ばれる隣近所同士のいさかいが増え、公共除雪への苦情が行政に殺到。雪の存在が直接・間接にコミュニティの基盤を脅かす事態が生じてきたのです。

それでは、この間に増え続けてきた雪処理のボランティア組織は、以前に存在した共同作業の単なる復活・復元を目指すものといえるでしょうか。筆者は、そこには大きな違いがあると思っています。

雪処理ボランティア組織のルーツともいえる岩手県旧沢内村の「スノーバスターズ」は、地元の青年会が始めた一人暮らし老人宅の雪かきボランティアを母胎に、村の社会福祉協議会の事務局長が中心になり、組織的・継続的な活動に発展させたものです。県内外の各地への「のれん分け」や、個人や団体の「助っ人」の巻き込みによって、地域のマンパワーの少なさを克服し、広域にネットワークをつくり、他地域との交流を通じて地域に自信と元気をもたらしました。その一方で、雪かきだけでなく住まいの補修や買い物の支援など、地域に住み続けられる環境づくりにも取り組みの幅を広げていきました。

村落共同体的な共同作業の仕組みが、狭い地域に暮らす同質の人びとの選択の余地のない共同性のもとに成り立ってきたとすれば、雪処理ボランティアの発展形にみられる新たな仕組みは、広域にわたる異質な人びとを含む、自由で自覚的な選択による連帯性のもとに成り立つといえます。筆者はそこに、雪国の地域コミュニティ再生への道筋を見たのでした。

3 雪かきから地域再生へ——いま考えていること

交流がもたらすものへの気づき

『雪国学』が出版を待つばかりだった2006年1月、「平成18年豪雪」が雪国を襲います。この大雪を取りあげたNHKテレビ『ご近所の底力』に、「お困りご近所」に選ばれた福島県昭和村の住民の方々とともに出演したことから、筆者は大きな気づきを経験しました。

各地で雪問題に取り組む人びとがそれぞれの活動を紹介し、昭和村の住民にやる気を出してもらおうというのが番組の内容です。村は当時豪雪のピークで、初めはアナウンサーへの受け答えも深刻になりがちでしたが、収録が進むにつれ、村の人たちの顔はどんどん明るくなっていきました。彼らが元気になっていったのは、同じような問題をかかえ、理解し合うことのできる、いわば仲間とめぐり会えたことが大きかったのではないかと気づいたのです。

国土の半分を占める雪国の各地で、人びとはそれぞれ異なる地域性を背負いながらも似たような課題に立ち向かっているのに、その経験を交流できる場はあまりに少ない。そのことに改めて思い至るとともに、目の前で起きたある種のブレークスルーに強い感銘を受けました。そこから、「雪国内外の多様な交流を基礎とする新たな連帯をつくっていくこと」が『雪国学』のラストメッセージになりました。

孤立した「点の動き」の当事者はその取り組みがたとえ画期的なものであっても、「イノベーティブ」との認識はなかなかできません。また逆に、課題やその解決策を定めることにも困難が伴います。いわばあるがままの自分の段階（即自）ですが、交流は他者との対比によって自己を知る段階（対自）への発展をもたらす機会を提供します。それぞれの場所で雪に立ち向かおうとする人びとを支援するだけでなく、彼らの間に出会いや交流の場を創っていくことがとても重要なことに思えてきたのです。

雪かきから地域が育つ

すでに述べられているように、２０１１年に始まった国土交通省の克雪体制支援調査は、雪国からの内発的な取り組みを支援し、有識者や他地域との交流を通じて活動の進化を図るもので、これまでにない試みでした。その成果が本書であり、「雪かきで地域が育つ」という認識の共有にほかなりません。

雪かきで地域が育つ道筋の一つは、前述のように点の動きを線としてつなぐ仕掛けです。この事業に採択された団体・組織のなかには、交流を通してブレークスルーともいえる経験をし、活動の質を高めてきたケースも少なくありません。交流の内容も年々進化し、採択された団体や有識者の間だけでなく、地方自治体、企業のＣＳＲ、保険・ＩＴ関係企業などとの、多くは顔の見える交流も進みつつあります。

二つめの道筋は、雪かき(地域除雪)に取り組むことが地域づくりにつながるという展望が共有されつつあることです。第Ｉ部第３章はその理論的側面を素描する試みで、地域の「雪かき」をめぐる「具体的行動」が地域づくりに求められる重要な要素と結びつくことを示し、「地域づくりの〝手段〟としての雪の可能性」を確認しています。また、雪は多自然地域でもある雪国共通の戦略的地域資源として、固有の地域づくりの鍵を握る存在であることを解き明かしています。

実践の面でも、克雪体制支援調査の成果発表会では注目すべき報告がみられるようになっています。たとえば群馬県榛東村社会福祉協議会(第Ⅱ部第２章②参照)は、地域福祉活動を基盤として除雪支援の協議組織を立ち上げて地域除雪体制の構築を図ったところ、そのことが地域福祉活動の発展にはね返り、地域づくりに大きな成果をもたらしたと述べました。また、山形県酒田市の日向コミュニティ振興会(第Ⅱ部

第4章1参照）は、除雪中の高齢者が水路に落ちて亡くなった事故をきっかけに水路地図づくりに取り組み、地図による「見える化」が地域づくりに及ぼす効果の大きさに改めて気づきました。このように、各地の取り組みのなかから、まさに「雪かきで地域が育つ」ことを実感する例が現れています。

災害から地域が育つ

東日本大震災以来、筆者は津波災害からの復興についての調査研究も続けていますが、雪害と津波災害とでは災害の両極端といってもも過言ではないような違いがあります。人の一生を超えるほどの長い間隔で発生し一撃で甚大な被害を及ぼす津波と、毎年何らかの被害をともないながらどこからが災害かさえ不明瞭な降積雪。記憶の風化や忘却との闘いが求められる津波災害と、長い冬の間の一瞬の油断との闘いが求められる雪害。どこからみても、共通点はないように思えます。

しかし実は、どちらも特定の地域に対して常襲性を持つ災害であり、地域には独自の「災害文化」が醸成されてきたという共通点があります。人びとは、突発的災害である津波に対しては長期的な生活史のなかで避難の心得を伝承するかたわら賢く高所移転に取り組み、日常的災害である雪害に対しては冬ごもり型の暮らしや共助の仕組みを創りあげてきました。地域全体を脅かす災害や困難に立ち向かうことから、地域コミュニティの共同性と強靱さを育んできたという点で、相通じる道を歩んできたのです。

「雪かきで地域が育つ」という命題の「雪かき」を「災害」に置き換えて考えてみると、同様の動きがさまざまな災害を契機とする防災まちづくりの取り組みとしても広く起こり始めていることに気づきます。第I部第1章が阪神・淡路大震災や新潟県中越地震を取りあげ、「震災が改めて公助の限界と共助の大切さを住民に知らしめた」と述べているとおり、防災まちづくりの分野でも、共助のあり方が大きな課題となっています。

最近の例では、南海トラフ巨大地震の懸念から、事前復興を目指す取り組みが集落や地区のレベルから自発的に生まれたり、自治体によってボトムアップ型のＣＣＰ（地域継続計画）が取り組まれたりと、新しい動きがみられます（沼野、２０１６）。深刻化する人身雪害や異常気象による豪雪災害など、雪に関わる新たな防災の課題が生じるなかで、こうした大きな流れのなかに自らを位置づけながら、雪国の強みと課題を探っていくことが求められるのではないでしょうか。

4　むすびに代えて

「雪かきで地域が育つ」ためには、避けて通れない数多くの厄介な問題が横たわっていることも直視しなければなりません。第Ⅳ部第１章は地域外からのボランティアの受け入れを例に、問題点を明確に整理しています。ビジネスモデルの未確立、財源問題、地域除雪の真の担い手たり得るか……。さらには、人口減少と高齢化の進展のもとで一層深刻化する将来の課題をも見据えています。

これらの問題を解決していくための道筋は、明らかな一本道として見えているわけではありません。しかし、問題はあらかじめ私たちの外から提示されているものでもなければ、初めから解決不能と決まっているものでもないのです。行動と工夫の積み重ね、そしてその経験の共有と位置づけを繰り返しながら、自らも成長していくなかで見出され、解決されていくものでしょう。

大学で都市計画の授業を担当していたころ、まちづくり・地域づくりの基本は計画行政のトップダウンからボトムアップへの転換だと説いていました。とはいえ、その実現は簡単ではありません。それぞれの地域で、住民意識の変革と呼応しながら彼らの参画する地域運営体が生まれ、それらが創り出すネットワークがやがてハブ型(1)の地域構造を変えていくことが求められるからです。

本書を振り返ると、ボトムアップの地域づくりに通じる理論的・実践的成果がちりばめられていることに気づきます。たとえば、第Ⅰ部第1章や第Ⅳ部第2章では、「雪かき」をきっかけとした住民意識の変革を描きました。また第Ⅳ部第2章では、除雪ボランティアを例に、実際に起きたガバナンスとネットワークの進化を整理しました。何よりも第Ⅱ部の実践事例や克雪体制支援調査の仕組みのなかに、さらなる進化への多くの可能性が見出されます。だからこそ「雪かき・雪国の多面的機能を探す活動」は「固有の地域づくりのプロセス」(第Ⅰ部第3章)になり得るといえるでしょう。

『雪国学』の締めくくりで発した「雪国内外の多様な交流を基礎とする新たな連帯をつくっていく」というラストメッセージは、ある程度現実となってきたように思います。より広範な地域や課題分野に視野と交流を広げ、地域の未来を計画し運営していく担い手に自らを深めていくことを目指しましょう。地域除雪に取り組む住民組織や団体・自治体・企業などの方々に贈る、新しい応援メッセージです。

〈沼野夏生〉

(1) 中心点と周囲の点が直接つながり、周囲の点同士のつながりを欠く構造。特別な中心がなく、点同士が複数の線でつながるネットワーク構造と対比される。

あとがき

編者である上村靖司は２００６年の平成18年豪雪以降、国土交通省（以下「国交省」）の豪雪地帯対策の有識者会議の末席に加えていただくようになりました。そこでは、除雪の担い手確保、共助による除雪の体制づくりなどのキーワードで議論を重ねてきましたが、雪国の過疎化・高齢化に歯止めがかからないどころか雪害犠牲者を減らすことすら叶いません。いわば手詰まり感を覚えていたところに、もう一人の編者である筒井一伸という新メンバーを迎えたことが、ひとつの転換点となりました。雪対策というよりは地域づくりの観点から、新たな風を吹き込んだからです。

筒井は、生まれは佐賀県、育ったのは東京都と、教職を得て鳥取県に移り住むまで、雪とはほぼ無縁の生活をしてきました。つまり、雪に関しては素人中の素人でした。国交省からの依頼で豪雪地帯対策の有識者委員として関わり始めたのは、２０１１年です。筒井以外の有識者委員は、上村のほか、編者としても加わっていただいた沼野夏生先生、執筆者として名を連ねる諸橋和行さんと雪国の問題に関わるエキスパートであり、雪ど素人の自身の立ち位置にとまどいを感じたことを、今でも覚えています。

しかし、豪雪地帯対策法が災害対策というよりも雪国の地域振興を目的としたものであったこと（事実、国交省での所管は国土政策局地方振興課）、そして筒井が居住する鳥取県が県全体で豪雪地帯の指定を受ける最西端であったこともあり、地域づくりの観点から、そして西日本の雪問題という地域特性の観点から、関わることになりました。

筒井が加入してから2年後の2013年、国交省の「雪処理の担い手の確保・育成のための克雪体制支援調査（克雪事業）」がスタートします。当時シンクタンクに勤務していた諸橋さん、今も克雪事業の事務局を担う塩見一三男さんのアイデアをもとに、当時の国交省担当者の英断もあり、この克雪事業は国の事業らしからぬ形態へと大幅に様変わりを果たしました。

克雪事業では、夏の暑い盛りに採択者と関係者が一堂に会して、スタートアップ交流会を開催します。そこで顔が見える関係づくりを行い、雪のシーズンに向けて地域間の連携が促進されるよう企図していくのです。雪のシーズンに入ると、有識者委員や国交省の担当者が実際に現地に足を運び、現場感を共有します。一方的なアドバイスをするのではなく、共に考え、共に動くことに徹底してこだわってきました。

そこから5年あまり、私たちは地に足を付けてチャレンジを続ける人びとの熱に驚かされ続けてきました。そして、共感する人びと同士の有機的なネットワークが次々と形成され、それぞれの取り組みが大きく育つさまを目の当たりにしてきました。地域が置かれている環境や条件は違えども、「雪」とどのように対峙するかという想いは共通しています。あたかも、発火したシナプスの刺激が伝播していく様子が可視化されているようでした。克雪事業のスローガンである〝スノー・イノベーション〟は、まさにこの革新的な進展を表す言葉といえるでしょう。

克雪事業が基盤となって生み出され、育まれてきた各地の事例と、そこに内在する本質的な暗黙知を、ぜひとも形式知化して世に広めたいという編者・著者の思いが、本書の誕生につながりました。その背景には、国交省地方振興課の歴代担当職員の皆さんが〝国の事業らしからぬ〟やり方に面白みを感じ寛容であってくださったこと、事務局を担当してきた日本能率協会総合研究所の的確な下支えがありました。

宣伝にもなりますが、国交省地方振興課では本書の執筆者を中心としたアドバイザーを、共助による地域除雪に取り組む地域が招聘できる「克雪体制づくりアドバイザー制度」が、２０１８年度から始まっています。読者の皆さんには、アドバイザー派遣制度も活用しながら、本書を片手に身近な雪への向き合い方を一緒に考えていただけたら、本書を企画したわれわれとしては望外の喜びです。

最後に、短期間にもかかわらず玉稿を寄せていただいた執筆者の皆さん、そして厳しい業界の状況にもかかわらず本書の出版を引き受けていただき、プロの編集者として的確なアドバイスをしていただいたコモンズ代表の大江正章さんに改めて深甚の謝意をささげます。なお、本書は日本雪工学会出版助成を受けて刊行されました。ここに明記して、謝意を表します。

40度に迫る酷暑の日本海側にて　２０１８年7月

編者を代表して　筒井一伸・上村靖司

第2章

国土交通省国土政策局地方振興課「新たな地域除排雪の取組事例」http://www.mlit.go.jp/common/001102886.pdf、2014年3月。

国土交通省国土政策局地方振興課「安心安全な克雪体制づくり取組事例集」http://www.mlit.go.jp/common/001129967.pdf、2016年3月。

諸橋和行「スノーイノベーション―除ボラ2.0から3.0へ―」『寒地技術論文・報告集』30巻、2014年、99ページ。

第3章

沼野夏生『雪害――都市と地域の雪対策』森北出版、1987年。

沼野夏生『雪国学――地域づくりに活かす雪国の知恵』現代図書、2006年。

E.S.モース著、石川欣一訳『日本その日その日　第2巻』平凡社、1970年。

市川健夫『雪国文化誌』日本放送出版協会、1980年。

沼野夏生「長期的な高所移転計画を通して集落の事前復興計画を考える」『震災復興から俯瞰する未来社会と計画学―農村からの発信―』、2016年度日本建築学会大会研究協議会資料No.26(農村計画部門)、日本建築学会編、2016年、147～150ページ。

www.maff.go.jp/j/press/2007/pdf/20070629press_9d.pdf、2007 年。

内閣府国民生活局「平成 14 年度内閣府委託調査ソーシャル・キャピタル―豊かな人間関係と市民活動の好循環を求めて―」https://www.npo-homepage.go.jp/uploads/report_h14_sc_2.pdf、2003 年。
16　徳留佳之「地域通貨全リスト」http://cc-pr.net/list/（最終閲覧日：2018 年 3 月 29 日）
地域メディア研究所「エコマネー「クリン」」http://com212.com/212/report/onepoint/zensen-17.html（最終閲覧日：2018 年 3 月 29 日）
秋田県南 NPO センター「地域通貨「マイド」（南郷共助組合）」http://www.kennannpo.org/news/2016/08/16110741.html（最終閲覧日：2018 年 3 月 29 日）
17　消防庁防災課・地域防災室・応急対策室防災情報室「地方防災行政の現況」http://www.fdma.go.jp/disaster/chihoubousai/pdf/25/genkyo.pdf、2015 年 1 月。
越後雪かき道場「南砺市（旧平村）の皆様の温かいおもてなし」、http://blog.snow-rescue.net/?month=201302（最終閲覧日：2018 年 5 月 15 日）
18 消防庁防災課・地域防災室・応急対策室・防災情報室「地方防災行政の現況」http://www.fdma.go.jp/disaster/chihoubousai/pdf/25/genkyo.pdf、2015 年 1 月。
19　国土交通省「積雪寒冷地域及び冬期道路交通の現状と課題」http://www.mlit.go.jp/road/ir/ir-council/yukimichi/pdf/5.pdf（最終閲覧日：2018 年 5 月 23 日）。
恩田重男『雪の生活学』無明舎出版、1981 年。
21　上村靖司・高田和貴・関健太「県別・市町村別の人身雪害リスクの比較」『自然災害科学』34 巻 3 号、2015 年、213 ～ 223 ページ。
大雪に対する防災力の向上方策検討会「大雪に対する防災力の向上方策検討会報告書―豪雪地域の防災力向上に向けて―」、http://www.bousai.go.jp/setsugai/pdf/h2404_002.pdf、2012 年 3 月。
22　上村靖司・増田宗一郎「除雪作業中のハシゴ事故の発生状況分析と安全ハシゴの開発」『寒地技術論文・報告集』32 巻、2016 年、68 ページ。
新潟県「新潟県雪国の住環境改善検討委員会報告書」http://www.pref.niigata.lg.jp/HTML_Article/800/430/houkoku,0.pdf、2013 年 5 月。

新潟県「安全な屋根雪下ろしのために～命綱固定アンカーガイドブック」http://www.pref.niigata.lg.jp/jutaku/1356875666987.html、2017 年 3 月。
23　小野桂之介「地域社会に貢献する経営」高巌＋日経 CSR プロジェクト編『CSR――企業価値をどう高めるか』日本経済新聞出版社、2004 年、196 ～ 212 ページ。
24　玉村雅敏・横田浩一・上木原弘修・池本修悟「ソーシャルインパクトという選択」玉村雅敏編著、横田浩一ほか著『ソーシャルインパクト――価値共創（CSV）が企業・ビジネス・働き方を変える』産学社、2014 年、20 ～ 31 ページ。

■第Ⅳ部
第 1 章

栗山弘『雪の科学と生活』新潟日報事業社、1984 年。

city.sakata.lg.jp/shisei/shisakukeikaku/kenkofukushi/chikifukushi/3ki-fukushikeikaku.files/hyoushi.pdf、2016 年 3 月。

4　内閣府「地方公共団体のための災害時受援体制に関するガイドライン」http://www.bousai.go.jp/taisaku/chihogyoumukeizoku/pdf/jyuen_guidelines.pdf、2017 年 3 月。

5　菅磨志保「災害ボランティアの論理」菅磨志保・山下祐介・渥美公秀編集『災害ボランティア論入門』弘文堂、2008 年、59 ～ 81 ページ。

村井雅清「初心者ボランティアのために」室崎益輝・岡田憲夫・中林一樹監修、野呂雅之・津久井進・山崎栄一編集『災害対応ハンドブック』法律文化社、2016 年、32 ～ 34 ページ。

6　妹尾香織・高木修「援助行動経験が援助者自身に与える効果―地域で活動するボランティアに見られる援助効果―」『社会心理学研究』18 巻 2 号、2003 年、106 ～ 118 ページ。

小西信義・中前千佳・原文宏・堀翔太郎・佐藤浩輔・大沼進「北海道豪雪過疎地域における広域的除排雪ボランティアシステム構築に関する実践的研究(2)―ボランティア活動におけるエンパワーメント・援助出費・継続意図―」『北海道の雪氷』32 巻、2014 年、46 ～ 49 ページ。

8　厚生労働省社会援護局地域福祉課「ボランティアについて」http://www.mhlw.go.jp/shingi/2007/12/dl/s1203-5e_0001.pdf(最終閲覧日：2018 年 4 月 3 日)

社会福祉法人全国社会福祉協議会「ボランティア活動保険」2018 年。

東根ちよ「『有償ボランティア』をめぐる先行研究の動向」『同志社政策科学院生論集』 4 巻、2015 年、39 ～ 53 ページ。

日本経済新聞「高齢者や障害者の生活を有料でお手伝い――神戸に初の有償ボランティアが発足」1982 年 3 月 16 日。

12　大橋昭一「ボランティア・ツーリズム論の現状と動向―ツーリズムの新しい動向の考察―」『観光学』 6 巻、2012 年、9 ～ 20 ページ。

13　小田切徳美「田園回帰元年」『田園回帰③田園回帰の過去・現在・未来――移住者と創る新しい農山村』小田切徳美・筒井一伸編著、農山漁村文化協会、2016 年、12 ページ。

Boyle & Halfacree, *Migration into Rural Areas : Theories and issues,* John Wiley & Sons, 1998.

沼野夏生「過疎地域への転入住民の諸類型と生活価値観の態様に関する調査研究―山形県内の過疎地域市町村を対象として―」『岩手県立盛岡短期大学研究報告生活科学・保育・共通編』49 巻、1996 年、51 ～ 58 ページ。

14　Walster, E., Walster, G.W. & Berscheid, E., *Equity: Theory and research,* Allyn & Bacon, 1978.

15　地域包括ケア研究会「地域包括ケア研究会報告書―今後の検討のための論点整理―」https://www.mhlw.go.jp/houdou/2009/05/dl/h0522-1.pdf、2009 年。

農村におけるソーシャル・キャピタル研究会、農林水産省農村振興局「農村のソーシャル・キャピタル―豊かな人間関係の維持・再生に向けて―」http://

【参考文献】

■第Ⅰ部

第１章

角屋久次・新宮璋一『豪雪譜――雪と人間との闘いの記録』日本積雪連合、1978年。

佐藤国雄『雪国大全』恒文社、2001年。

第２章　国土交通省国土政策局「豪雪地帯対策における施策の実施状況等」www.mlit.go.jp/common/001220015.pdf、2018年1月30日。

札幌市「雪対策費実績」、http://www.city.sapporo.jp/kensetsu/yuki/jigyou/budget.html（最終閲覧日：2018年3月19日）

総務省「国勢調査」（1975年～1995年）

沼野夏生『雪害――都市と地域の雪対策』森北出版、1987年。

国土庁地方振興局『雪国における住民組織等の参加による地域づくり促進方策検討調査報告書』2000年。

沼野夏生「国の豪雪地帯対策の動向」『日本雪工学会誌』28巻2号、2012年、128～132ページ。

第３章

岩手県西和賀町『雪国の暮らしガイドブック』2014年。

小田切徳美「自立した農山漁村地域をつくる」大森弥・卯月盛夫・北沢猛・小田切徳美・辻琢也、編集協力財団法人地域活性化センター『自立と協働によるまちづくり読本―自治「再」発見―』ぎょうせい、2004年、275～358ページ。

宮口侗廸『地域を活かす――過疎から多自然居住へ』大明堂、1998年。

宮口侗廸・木下勇・佐久間康富・筒井一伸編著『若者と地域をつくる――地域づくりインターンに学ぶ学生と農山村の協働』原書房、2010年。

松永桂子『ローカル志向の時代――働き方、産業、経済を考えるヒント』光文社、2015年。

■第Ⅲ部

1　総務省地域力創造グループ地域振興室「暮らしを支える地域運営組織に関する調査研究事業報告書」http://www.soumu.go.jp/main_content/000348939.pdf、2015年3月。

2　安達生恒「過疎の実態――過疎とは何か、そこで何がおきているのか」『ジュリスト』第455号、1970年、21～25ページ。

小田切徳美『農山村再生――「限界集落」問題を超えて』岩波書店、2009年。

平井太郎著、小田切徳美監修『ふだん着の地域づくりワークショップ――根をもつことと翼をもつこと』筑波書房、2017年。

3　川村匡由『地域福祉とソーシャルガバナンス――新しい地域福祉計画論』中央法規、2007年。

酒田市・酒田市社会福祉協議会「酒田市地域福祉ビジョン」http://www.

【著者紹介】

丹治和博（たんじ・かづひろ）　第Ⅰ部第4章
　1964年生まれ。一般財団法人日本気象協会事業本部防災ソリューション事業部技術統括。
高橋盛佳（たかはし・もりよし）　第Ⅱ部第1章2
　1943年生まれ。上の山自治会事務局長、滝沢手打ちそば道場店主。
澤田定成（さわだ・さだなり）　第Ⅱ部第1章3
　1952年生まれ。スノーレンジャー事務局長。
瀬戸浦初美（せとうら・はつみ）　第Ⅱ部第1章3
　1987年生まれ。社会福祉法人香美町社会福祉協議会ボランティアコーディネーター。
塩見一三男（しおみ・いさお）　第Ⅱ部第1章3、第Ⅲ部8
　1966年生まれ。株式会社日本能率協会総合研究所主幹研究員。
中前千佳（なかまえ・ちか）　第Ⅱ部第2章1、第3章3、第5章3、第Ⅲ部12
　1977年生まれ。一般社団法人北海道開発技術センター調査研究部研究員。
千明長三（ちぎら・おさみ）　第Ⅱ部第2章2
　1970年生まれ。社会福祉法人片品村社会福祉協議会係長。
小野関芳美（おのぜき・よしみ）　第Ⅱ部第2章2
　1963年生まれ。社会福祉法人榛東村社会福祉協議会事務局長。
諸橋和行（もろはし・かずゆき）　第Ⅱ部第2章3、第Ⅲ部9・10・17・18、第Ⅳ部第2章
　1967年生まれ。公益社団法人中越防災安全推進機構地域防災力センター長。
二藤部久三（にとうべ・きゅうぞう）　第Ⅱ部第3章2
　1955年生まれ。尾花沢市除雪ボランティアセンター広報部会長。
工藤志保（くどう・しお）　第Ⅱ部第4章1
　1962年生まれ。日向コミュニティ振興会事務局長。
石塚慶（いしづか・けい）　第Ⅱ部第4章1
　1978年生まれ。鶴岡市議会議員、鶴岡市三瀬地区自治会顧問。
髙山弘毅（たかやま・ひろき）　第Ⅱ部第4章2
　1976年生まれ。Nukiito代表。
西大志（にし・だいし）　第Ⅱ部第4章3
　1975年生まれ。苫前町まちづくり企画代表。
木村浩和（きむら・ひろかず）　第Ⅱ部第5章1
　1968年生まれ。特定非営利活動法人中越防災フロンティア理事、株式会社興和営業部課長。
上島信一（うえしま・しんいち）　第Ⅱ部第5章2
　1951年生まれ。北海道コカ・コーラボトリング株式会社非常勤顧問。
原文宏（はら・ふみひろ）第Ⅱ部第5章3、第Ⅳ部第1章
　1955年生まれ。一般社団法人北海道開発技術センター理事兼地域政策研究所所長、一般社団法人シーニックバイウェイ支援センター代表理事。

【編著者紹介】

上村靖司（かみむら・せいじ）　第Ⅰ部第１章、第Ⅱ部第１章１、第５章１、第Ⅲ部４・５・７・20・21・22・24
1966年新潟県生まれ。長岡技術科学大学教授、専門は雪氷工学。共著『中越地震から3800日』（ぎょうせい、2015年）、『産業復興の経営学』（同友館、2017年）など。

筒井一伸（つつい・かずのぶ）　第Ⅰ部第３章、第Ⅱ部第４章１、第Ⅲ部１・２・３・11・15
1974年佐賀県生まれ・東京都育ち。鳥取大学地域学部地域創造コース教授、専門は農村地理学・地域経済論。主著『移住者による継業』（共著、筑波書房、2018年）、『イナカをツクル』（監修、コモンズ、2018年）、『田園回帰の過去・現在・未来』（共編著、農山漁村文化協会、2016年）、『若者と地域をつくる』（共編著、原書房、2010年）など。

沼野夏生（ぬまの・なつお）　第Ⅰ部第２章、第Ⅲ部13・16・19、第Ⅳ部第３章
1947年山形県生まれ。東北工業大学名誉教授、地域社会デザイン研究所代表。専門は都市・地域計画。主著『雪国学』（現代図書、2006年）、『雪害』（森北出版、1987年）、『東日本大震災合同調査報告　建築編９　社会システム／集落計画』（共著、丸善、2017年）など。

小西信義（こにし・のぶよし）　第Ⅱ部第３章１、第５章３、第Ⅲ部６・14・23
1984年兵庫県生まれ。一般社団法人北海道開発技術センター調査研究部研究員、専門は文化人類学。

雪かきで地域が育つ
——防災からまちづくりへ

二〇一八年一一月一〇日　初版発行

編著者　上村靖司・筒井一伸ほか

©Seiji Kamimura 2018, Printed in Japan.

発行者　大江正章
発行所　コモンズ
東京都新宿区西早稲田二—一六—一五—五〇三
TEL（〇三）六二六五—九六一七
FAX（〇三）六二六五—九六一八
振替　〇〇一一〇—五—四〇〇一二〇
info@commonsonline.co.jp
http://www.commonsonline.co.jp/

印刷・東京創文社／製本・東京美術紙工
乱丁・落丁はお取り替えいたします。
ISBN 978-4-86187-156-6 C 1036

＊好評の既刊書

震災復興が語る農山村再生　地域づくりの本質
●稲垣文彦ほか著／小田切徳美解題　本体２２００円＋税

イナカをツクル　わくわくを見つけるヒント
●嵩和雄著／筒井一伸監修　本体１３００円＋税

協同で仕事をおこす　社会を変える生き方・働き方
●広井良典編著　本体１５００円＋税

新しい公共と自治の現場
●寄本勝美・小原隆治編　本体３２００円＋税

地域を支える農協　協同のセーフティネットを創る
●高橋巌編著　本体２２００円＋税

農と土のある暮らしを次世代へ　原発事故からの農村の再生
●菅野正寿・原田直樹編著　本体２３００円＋税

種子が消えればあなたも消える　共有か独占か
●西川芳昭　本体１８００円＋税

ソウルの市民民主主義　日本の政治を変えるために
●白石孝編著／朴元淳ほか著　本体１５００円＋税

共生主義宣言　経済成長なき時代をどう生きるか
●西川潤／マルク・アンベール編　本体１８００円＋税

カタツムリの知恵と脱成長　貧しさと豊かさについての変奏曲
●中野佳裕　本体１４００円＋税

幸せのマニフェスト　消費社会から関係の豊かな社会へ
●ステファーノ・バルトリーニ著／中野佳裕訳・解説　本体３０００円＋税